電子學實習(上)

曾仲熙　編著

全華圖書股份有限公司

授　權　書

　　映陽科技股份有限公司總代理 Cadence® 公司之 OrCAD® 軟體產品,並接受該公司委

負責台灣地區其軟體產品中文參考書之授權作業。

　　茲同意 全華圖書股份有限公司 所出版 Cadence® 公司系列產品中文參考書,書名:

子學實習(上)(下) 作者:曾仲熙,得引用 OrCAD® Pspice® V16.X 中的螢幕畫面、專有名詞

指令功能、使用方法及程式敘述,隨書並得附本公司所提供之試用版軟體光碟片。

有關 Cadence® 公司所規定之註冊商標及專有名詞之聲明,必須敘述於所出版之文書內。

保障消費者權益,Cadence® 公司產品若有重大版本更新,本公司得通知全華圖書股份有

公司或作者更新中文書版本。

　　本授權同意書依規定須裝訂於上述中文參考書內,授權才得以生效。

此致

　　　全華圖書股份有限公司

授權人:映陽科技股份有限公司

代表人:湯秀珍

中華民國 一〇〇年四月二十日

映陽科技(台北) 台北縣三重市重新路五段 609 巷 16 號 3 樓 / 湯城　TEL:02 2995 7668　FAX:02 2995 75

映阳科技(苏州) TEL:+86 512 6252 3455　FAX:+86 512 6252 2966

映阳科技(深圳) TEL:+86 755 8384 3286　FAX:+86 755 8384 3441

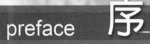

電子學實習是電機類科系最重要的入門實習科目，本實習教材依據 Sedra/Smith 所著 "Microelectronic Circuits" 教科書編撰而成。本實習教材著重於實際電子電路的設計方法及其應用，故較不偏重於理論的推導與分析，本實習教材共分上、下兩冊，實習上冊內容以 Diode、BJT 及 MOSFET 的應用為主，下冊內容以 OP AMP 的應用為主，內容目錄如下：

實用電子學實習上冊目錄：

實用電子學實習下冊目錄：

　　本實習教材的內容盡量涵蓋 Sedra/Smith 所著 "Microelectronic Circuits"教科書內的所有重要課題，授課老師可視實際教學情形，自行增減實習內容，當然筆者希望初學者能將本教材的所有實習做完，若能如此，初學者會對電子學的內容有更深入的體認，也一定會提昇初學者設計電子電路的能力，本教材亦希望能充當讀者在設計電子電路時的工具書，所以本實習教材盡量偏重於實務面，內容撰寫盡量簡單明瞭，因此一些基礎的電子電路理論或基本公式，本實習教材並未詳細說明或推導，讀者需自行參考 Sedra/Smith 所著 "Microelectronic Circuits"教科書。

　　本實習教材的上、下冊均編有 17 個實驗，授課老師可視實際教學情形選擇重點實習，有些實驗內容較多，可分兩次實驗完成，也可以一次做兩個內容較少的實驗，建議上冊重點實驗為 {1, 2, 3, 4, 7, 8, 9, 10, 11, 13, 14, 15, 16}、下冊重點實驗為 {1, 2, 3, 4, 5, 6, 7, 10, 12, 13, 15, 16, 17}。

筆者才疏學淺，拙著謬誤難免，望各方前輩不吝指正，本人感謝明新科技大學電機系廖振宏老師和黎燕芳老師，提供的資料及討論，才能完成此實習教材，最後由衷感謝吳柏陞先生耐心地打字及繪圖，同時感謝全華圖書曾嘉宏先生細心的編輯。

曾仲熙 謹識

明新科技大學 電機系

Email: cstseng@must.edu.tw

編輯部序

　　「系統編輯」是我們的編輯方針，我們所提供給您的，絕不只是一本書，而是關於這門學問的所有知識，它們由淺入深，循序漸進。

　　電子學實習是電子電機系最重要的入門實習科目，本書著重於實際電子電路的設計方法及其應用，故較不偏重於理論的推導與分析，盡量偏重於實務面，內容撰寫簡單明瞭，所以亦可當讀者在設計電子電路時的工具書，上冊內容以 Diode、BJT 及 MOSFET 的應用為主，下冊內容以 OP AMP 的應用為主。本書適合科大電子、電機系「電子學實習」課程使用。

　　同時，為了使您能有系統且循序漸進研習相關方面的叢書，我們以流程圖方式，列出各有關圖書的閱讀順序，以減少您研習此門學問的摸索時間，並能對這門學問有完整的知識。若您在這方面有任何問題，歡迎來函連繫，我們將竭誠為您服務。

相關叢書介紹

書號：06490
書名：Altium Designer 電腦輔助電路
設計－疫後拼經濟版
編著：張義和

書號：06300/06301
書名：電子學(基礎理論)/電子學(進階
應用)
編譯：楊棧雲.洪國永.張耀鴻

書號：06296
書名：專題製作－電子電路及
Arduino 應用
編著：張榮洲.張宥凱

書號：04F62
書名：Altium Designer 極致電路設計
編著：張義和.程兆龍

書號：02476
書名：電子電路實作技術
編著：蔡朝洋

書號：05129
書名：電腦輔助電子電路設計－使用
Spice 與 OrCAD PSpice
編著：鄭群星

書號：06186
書名：電子電路實作與應用
(附 PCB 板)
編著：張榮洲.張宥凱

流程圖

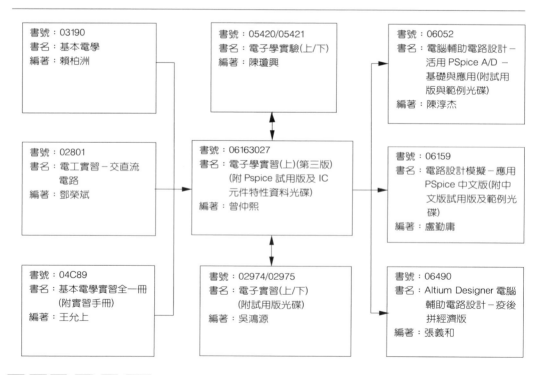

書號：03190
書名：基本電學
編著：賴柏洲

書號：05420/05421
書名：電子學實驗(上/下)
編著：陳瓊興

書號：06052
書名：電腦輔助電路設計－
活用 PSpice A/D －
基礎與應用(附試用
版與範例光碟)
編著：陳淳杰

書號：02801
書名：電工實習－交直流
電路
編著：鄧榮斌

書號：06163027
書名：電子學實習(上)(第三版)
(附 Pspice 試用版及 IC
元件特性資料光碟)
編著：曾仲熙

書號：06159
書名：電路設計模擬－應用
PSpice 中文版(附中
文版試用版及範例光
碟)
編著：盧勤庸

書號：04C89
書名：基本電學實習全一冊
(附實習手冊)
編著：王允上

書號：02974/02975
書名：電子實習(上/下)
(附試用版光碟)
編著：吳鴻源

書號：06490
書名：Altium Designer 電腦
輔助電路設計－疫後
拼經濟版
編著：張義和

contents 目錄

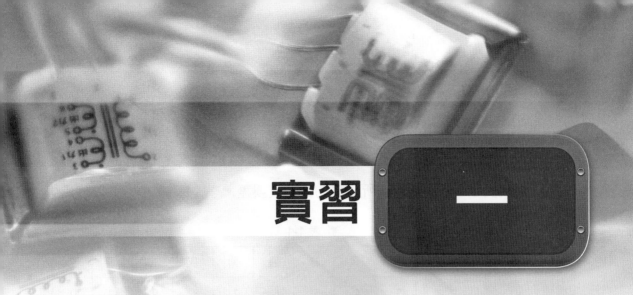

實習 一

基本儀表(lustrument)實驗

一、實習目的：

認識電子學實習中常用的電子元件及儀表。

二、實習原理：

在做電子學實驗前，先來認識基本的電子元件，如電阻、電容、電子儀表、三用電表、電源供應器、訊號產生器及示波器。

(一)基本的電子元件：常用的有電阻器(resistor)與電容器(capacitor)。

1. 電阻器(resistor，單位 Ω(歐姆))，常用的電阻器有碳膜電阻(Carbon film resistor)及水泥電阻(Cement wire wound resistor)。

   (1) 一般碳膜電阻用色碼來表示電阻值及誤差如圖 1-1 所示。碳膜電阻消耗功率瓦特數較小，有 1/16W、1/4W、1/2W、1W、2W 等不同規格。

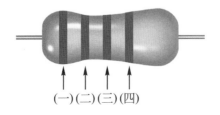

(一)(二)(三)(四)

▲ 圖 1-1　碳膜電阻用色碼

色碼中由左至右的第一環表示十位數，第二環表示個位數，第三環表示乘上10 的次方數，第四環表示誤差。

表 1-1 及表 1-2 分別是色碼所代表的數值及誤差。

▼ 表 1-1

顏色	黑	棕	紅	橙	黃	綠	藍	紫	灰	白	銀	金
數值	0	1	2	3	4	5	6	7	8	9	-2	-1

▼ 表 1-2

顏色	誤差	顏色	誤差
無色	±20%	綠色	±0.5%
銀色	±10%	藍色	±0.25%
金色	±5%	紫色	±0.1%
紅色	±2%	灰色	±0.05%
棕色	±1%		

例題 1-1

請問下面的電阻為多少歐姆？

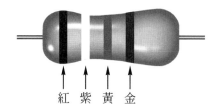

紅 紫 黃 金

解 查表 1-1 可知紅紫黃為 $27×10^4\Omega$，查表 1-2 可知誤差為±5%，因此這電阻為 270kΩ±5%。

例題 1-2

請問下面的電阻為多少歐姆？

綠　紅　橙　銀

解 查表 1-1 可知綠紅橙為 $52×10^3\Omega$，查表 1-2 可知誤差為±10%，因此這電阻為 $52k\Omega±10\%$。

(2) 水泥電阻的消耗功率較大，其電阻值及瓦特數直接標示在電阻器上，如圖 1-2 所示為電阻值 0.5Ω 及瓦特數 5W。

▲ 圖 1-2　水泥電阻

(3) 可變電阻其電阻值變化率和旋轉角度的關係可分為 A 類對數型和 B 類直線型，圖 1-3 為可變電阻器及其示意圖。

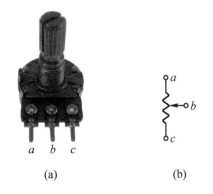

(a)　　　　　　　　　　(b)

▲ 圖 1-3　可變電阻器及其示意圖

表 1-3 為常見 10 的次方簡稱及其符號。

▼ 表 1-3

表示符號	10^n	英文名稱	表示符號	10^n	英文名稱
m	10^{-3}	mili	k	10^3	kilo
μ	10^{-6}	micro	M	10^6	mega
n	10^{-9}	nano	G	10^9	giga
p	10^{-12}	pico			

註 有時 kilo 用大 K 表示。

2. 電容器(capacitor，單位 F(法拉第))：電子學實習常用的電容有陶瓷電容器 (Ceramic capacitor)、PE 塑膠膜電容器(PE plastic capacitor)(或 Mylar 膠膜電容器)和電解質電容器(electrolytic capacitor)。還有許多種不同材質、不同特性的電容器，例如雲母電容器(Mica capacitor)。

(1) 陶瓷電容器有較高的耐壓(>50V)，但電容值較小(1μF 以下)，體積小，無極性，適合高頻電路使用，如圖 1-4 所示：

▲ 圖 1-4 陶瓷電容

圖 1-4 中所標示的數字 123 代表 12×10^3 pF$=12 \times 10^3 \times 10^{-12}$ F$=0.012$μF，最後一個英文字母表示誤差，如表 1-4 所示，M 是 ±20% 的誤差。

▼ 表 1-4

英文字母	誤差	英文字母	誤差
B	±0.1%	J	±5%
C	±0.25%	K	±10%
D	±0.5%	L	±15%
F	±1%	M	±20%
G	±2%	N	±30%
H	±3%		

(2) PE 塑膠膜電容器可耐高壓，電容值較陶瓷電容器大，體積較陶瓷電容大，無極性，適合中高頻電路使用，圖 1-5(a)中 50V 表示其耐壓；473 表示電容值為$(47) \times 10^3$ pF=0.047μF，由表 1-3 知英文字母 J 表示誤差±5%。圖 1-5(b)為另一種表示法，2D 由表 1-5 知其耐壓為 200V，.47 表示其電容值為 0.47μF(此電容值表示法的單位為 μF)，英文字母 K 表示誤差±10%。

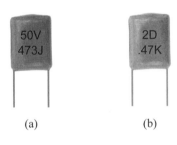

(a)　　　　　　　　(b)

▲ 圖 1-5　塑膠膜電容器

▼ 表 1-5

	A	B	C	D	E	F	G	H	I	J
0	1	1.25	1.6	2.0	2.5	3.15	4.0	5.0	6.3	8.0
1	10	12.5	16	20	25	31.5	40	50	63	80
2	100	125	160	200	250	315	400	500	630	800
3	1000	1250	1600	2000	2500	3150	4000	5000	6300	8000

(3) 電解質電容器耐壓較低，但電容值較大(0.47μF～10000μF)，體積較大，有極性(所以正、負極不可接反)，適合低頻電路使用，其耐壓值及電容值與極性直接標示在外殼上，如圖 1-6 所示。

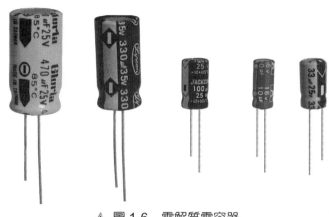

▲ 圖 1-6 　電解質電容器

註 鉭質電容器(Tantalum electrolytic capacitor)，體積小，耐壓很低，有極性(所以正、負極不可接反)，因含污染物質，目前很少使用。

(二)三用電表(multimeter 或 multitester)

三用電表可量測電阻(單位：歐姆(Ω))、電壓(單位：伏特(V))及電流(單位：安培(A))。

(三)電源供應器(power supply)：通常為雙電源供應器(30V/3A)，一個為主電源(master)，一個為僕電源(slaver)，如圖 1-7 所示。

1. 獨立操作時，將開關設定為(independent)，主電源與僕電源各自獨立，互不影響。

2. 連動操作時，將開關設定為(tracking)，主電源的負端與僕電源的正端由內部連接在一起(短路)，由此操作可得有正、負電壓的電源輸出。此時正、負電壓的大小由主電源之電壓調整鈕控制。(此時僕電源之電壓調整鈕沒有功能)。

註 一般電源供應器有一組定電壓電源 5V/3A 之輸出，供特定裝置使用(如 TTL 電路)。

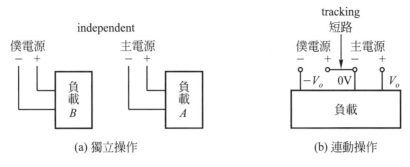

▲ 圖 1-7 電源供應器操作方式

(四)訊號產生器(signal generator (SG) or function generator (FG))

訊號產生器可提供不同頻率(frequency)、振幅(amplitude)之正弦波(sinusoidal wave)、方波(squared wave)或三角波(triangular wave)輸出，及一組時脈(clock)訊號輸出，可供 TTL 電路時脈輸入使用。只要適當地選擇或調整訊號產生器面板上的按鍵或旋鈕，即可得到大約想要的輸出波形的頻率與振幅大小。訊號產生器輸出波形的頻率與振幅之大小，需經示波器的判讀與訊號產生器的微調，才可得正確的輸出頻率與振幅之大小。

> 註 訊號產生器的內阻(訊號源內阻) R_{sig} 約為 50Ω(不同型式的訊號產生器的內阻均不同，使用者要詳查訊號產生器的 data sheet)。

(五)示波器(Oscilloscope)：有類比示波器及數位示波器(Digital Oscilloscope)之分。不論是類比示波器或是數位示波器其基本功能如下簡介(詳細功能及操作方法，必須要參考使用手冊(user manual))：

1. 可量測訊號的週期(period)大小(T，單位秒)，再由頻率 $f = 1/T$ 的關係，算出訊號的頻率(frequency，Hz)。

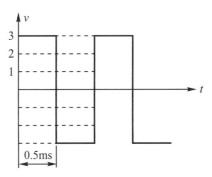

▲ 圖 1-8　交流方波週期訊號

如圖 1-8 所示，若電壓旋鈕轉至 1V(即每(垂直)格表示 1V)，時間旋轉鈕至 0.5ms(即每(水平)格表示 0.5ms)，則此交流方波為在+3V 及-3V 間的(交流)週期訊號，其週期為 T=2×0.5ms=1ms (2(水平)格)，即頻率 f=1/T=1kHz。

註 ms=10^{-3} 秒

以下介紹一般類比示波器之基本功能：

(1) 電壓範圍選擇鈕(VOLTS/DIV)，從每一格 5mV 到 5V，可適當量測波形振幅之大小。

(2) 時間範圍選擇鈕(TIME/DIV)，可調整水平掃描時間，掃描時間範圍從每一格 0.2μs 到 0.2s。順時鐘方向轉到底為 X-Y 模式，則 X 為 CH1 訊號輸入端，Y 為 CH2 訊號輸入端。

(3) 耦合(coupling)方式，若選擇交流耦合(AC coupling)，則輸入訊號的直流成分會被內部電容去除，僅允許交流成分輸入示波器。若選擇直流耦合(DC coupling)，則輸入訊號的直流成分及交流成分，均同時進入示波器。

(4) 內部觸發訊號選擇鈕，可選擇 CH1、CH2 或 ALT。選擇 CH1 MODE 可觀察 CH1 波形；選擇 CH2 MODE 可觀察 CH2 波形；選擇 ALT MODE 可同時觀察 CH1 和 CH2 波形。

(5) 觸發模式選擇鈕，可選擇掃描電路的方式，包括，AUTO、NORM、TV(V) 和 TV(H)。AUTO 為自動觸發掃描，若沒有訊號時，掃描線仍會自動出現，此為相當方便的模式。NORM 為觀察非常低頻(小於 50Hz)的訊號時使用,若沒有訊號時,不會出現掃瞄線。TV(V)用於觀察視頻訊號(video signal)的垂直圖形。TV(H)用於觀察視頻訊號的水平圖形。

(6) 觸發源(source)選擇鈕,可選擇 INT、LINE 和 EXT。選擇 INT 時,以 CH1 或 CH2 為觸發訊號。選擇 LINE 時,以交流電源供應為觸發訊號。選擇 EXT 時,以外接觸發訊號(EXT TRIG)為觸發訊號。

(註) 現在數位示波器的功能複雜,詳細數位示波器功能及操作方法,必須要參考使用手冊。

(六)利用示波器作李賽氏(Lissajous)圖形的量測

使用李賽氏圖形可以量測兩個正弦波電壓之間的相位差(phase difference)或頻率比(frequency ratio),以下,我們就來討論這兩種方法。

1. 利用李賽氏圖形測量相位差:
(1) 把時間範圍選擇開關轉到 X-Y 模式。
(2) 將欲量測之輸入波形接於 CH1 和 CH2,此兩輸入波形的頻率相近(假設 X=$V_m\sin(\omega t)$,Y=$V_m\sin(\omega t+\phi)$)。
(3) 利用水平位置調整鈕和垂直位置調整鈕,將螢幕上所顯示的圖形(可能是一條直線、橢圓形或圓形)移到螢幕的中央,如圖 1-9 所示。

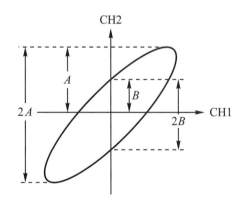

▲ 圖 1-9 X-Y 模式之李賽氏圖形(傾斜於 1、3 象限之橢圓形,0°<|ϕ|<90°)

(註) 同頻率輸入的李賽氏圖形可能是
(1) 一條直線{相位差 ϕ=0° (傾斜於 1、3 象限之一條直線)或 ϕ=180° (傾斜於 2、4 象限之一條直線)}。
(2) 橢圓形{0°<|ϕ|<90° (傾斜於 1、3 象限之橢圓形)或 90°<|ϕ|<180° (傾斜於 2、4 象限之橢圓形)}。
(3) 圓形{ϕ=90°}。

此兩輸入波形的相位差 ϕ，可利用下式求出

$$\phi = \sin^{-1}\frac{B}{A} = \sin^{-1}\frac{2B}{2A} \tag{1-1}$$

例如：

(1) $B/A=0$ (傾斜於 1、3 象限之一條直線) $\rightarrow \phi=0°$；

(2) $B/A=0$ (傾斜於 2、4 象限之一條直線) $\rightarrow \phi=180°$；

(3) $B/A=1/1.414$(傾斜於 1、3 象限之橢圓形) $\rightarrow |\phi|=45°$；

(4) $B/A=1/1.414$(傾斜於 2、4 象限之橢圓形) $\rightarrow |\phi|=135°$；

(5) $B/A=1$ (圓形) $\rightarrow |\phi|=90°$。

2. 利用李賽氏圖形測量頻率比

量測方法與測量相位差相同，但 CH1 和 CH2 輸入訊號的頻率不相同時，螢幕上所顯示的圖形不再是一條直線、橢圓形或圓形。假設 CH1 的頻率為 f_H 且 CH2 的頻率為 f_V，則 f_H 和 f_V 之間的關係式如(1-2)式所示。

$$\frac{f_V}{f_H} = \frac{\text{水平方向的切點數}}{\text{垂直方向的切點數}} \tag{1-2}$$

例題 1-3

下列李賽氏圖形，若知 CH1 的頻率為 $f_H=2\text{kHz}$，則求 CH2 輸入訊號的頻率 $f_V=$？

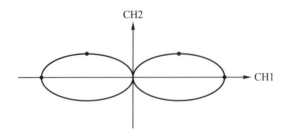

解 因在水平方向的切點有 2 點，在垂直方向的切點僅有 1 點，所以根據(1-2)式

$$\frac{f_V}{f_H} = \frac{2}{1}$$

則 CH2 輸入訊號的頻率 $f_V=4\text{kHz}$。

三、實習步驟:

(一)實驗設備:

1. 電源供應器 　　×1
2. 訊號產生器 (FG) ×1
3. 示波器 　　　　×1
4. 三用電表 　　　×1
5. 麵包板 　　　　×1

(二)實驗材料:

若無特別說明電阻規格均為 1/4W,電解電容耐壓 35V,可變電阻為 B 類直線型。

電阻	1kΩ×1,外加不同電阻值之電阻若干顆
電容	0.1μF 陶瓷電容×1,外加陶瓷電容、塑膠膜電容及電解質電容各若干個

(三)實驗項目:

1. 練習利用色碼讀取電阻值。
2. 練習讀取電容值。
3. 練習使用三用電表、電源供應器、訊號產生器及示波器。
4. 電路接線如下:

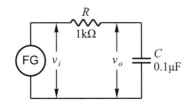

(1) 由訊號產生器(FG)提供振幅 5V,頻率 1kHz 之正弦波,當作輸入訊號 v_i。
(2) 把時間範圍選擇開關轉到 X-Y 模式,電壓選擇鈕調成相同檔位。

(3) 輸入訊號 v_i 接至示波器的 CH1 input，輸出訊號 v_o 接至示波器的 CH2 input，觀察示波器顯示的圖形，並繪於下圖。

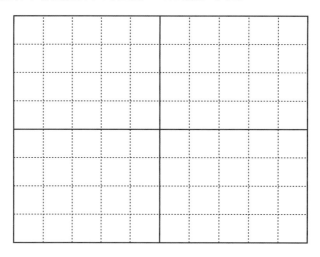

(4) 將示波器改回正常量測模式(非 X-Y 模式)，量測輸入訊號 v_i 及輸出訊號 v_o 波形，繪於下圖(可用不同顏色標示)，並比較上述兩種方式所量測的輸入訊號 v_i 及輸出訊號 v_o 的相位差。

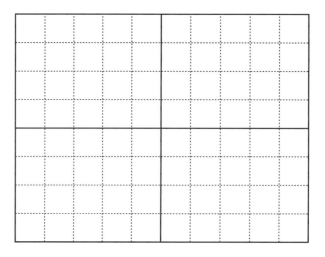

四、問題與討論：

1. 如何選用電阻器瓦特數的大小？

2. 如何選用電解電容的耐壓大小？

3. 練習利用李賽氏圖形測量頻率比。

4. 利用三用電表量測電流時，要與電路串聯或並聯？

5. 示波器之 CH1 與 CH2 之負端，在示波器內部為短路，因此同時使用 CH1 與 CH2 量測波形時，應注意的事項為何？

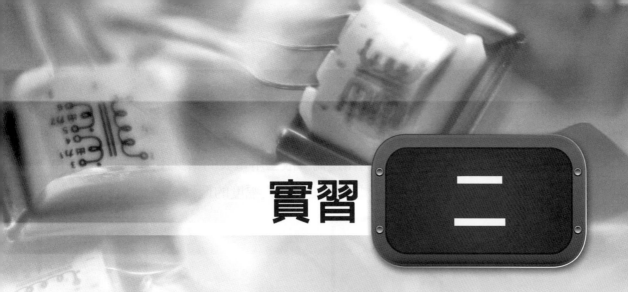

實習 二

一般接面二極體(Diode)之特性實驗

一、實習目的：

了解接面二極體(Junction Diode)的特性。

二、實習原理：

(一)接面二極體為單向導通之非線性元件，其元件示意圖及電路符號如 圖 2-1 所示：

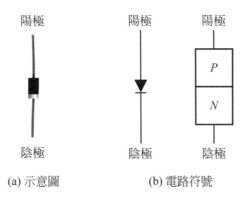

(a) 示意圖　　　　(b) 電路符號

▲ 圖 2-1　接面二極體元件示意圖及電路符號

　　將三用電表旋鈕撥到 R×10 檔，一個正常的二極體應有如圖 2-2 的特性。將測試棒如圖 2-2(a)之接法，因二極體為逆偏，故三用電表的指針不動，如圖 2-2(b)之接法，因二極體為順偏，故三用電表的指針有大幅度的偏轉。

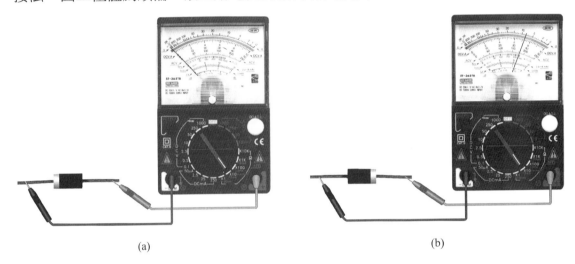

(a)   (b)

▲ 圖 2-2　測試二極體的極性

註 三用電表的負端(黑棒)接三用電表內部電池的正極，反之三用電表的正端(紅棒)接三用電表內部電池的負極。

　　由於電洞(holes)及電子(free electrons)藉由擴散(diffusion)及漂移(drift)這兩種機制(mechanism)，在半導體的晶體內移動，則有三種不同狀態，分別介紹如下：

1. 在二極體為開路的狀態下(如圖 2-3)

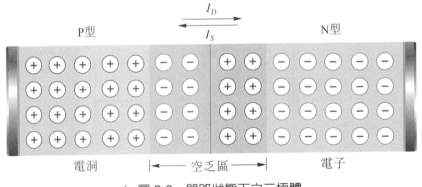

▲ 圖 2-3　開路狀態下之二極體

其中⊕為正離子，⊖為負離子。在 P-N 接面(空乏區，depletion region)跨有一電壓位障 V_o (potential barrier 或稱 contact difference of potential) (從 P 到 N)，V_o 約十分之幾伏特。

無外部電流存在時，擴散電流 I_D (diffusion current)與漂移電流 I_S (drift current)方向相反且大小相等；即

$$I_D = I_S$$

2. 在逆偏的狀態下(如圖 2-4)，電壓位障 V_o (potential barrier)變得更高，空乏區寬度(depletion width)變得更寬，使得 I_D 變小，但 I_S 不變，因 I_S 與 V_o 無關，故逆向電流

$$I_R = I_S - I_D$$

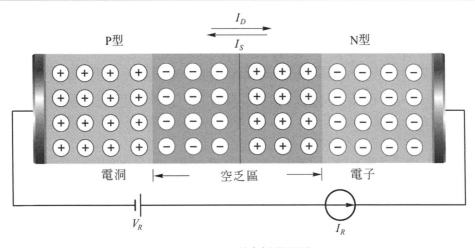

▲ 圖 2-4　逆向偏壓電路

在 $I_R < I_S$ 時，二極體尚未發生崩潰(breakdown)，因二極體之電壓與電流之關係式為

$$I = I_S \left(e^{\frac{V}{nV_T}} - 1 \right)$$

其中 n 之值等於 1 或 2 (取決於二極體的材料及結構)，V_T ($=KT/q$) 被稱為熱電壓(thermal voltage)，約 25mV。

在逆偏($V = -V_R$)時之逆向電流

$$I_R = I_S\left(e^{\frac{-V_R}{nV_T}} - 1\right) \approx -I_S$$

其中 I_S 稱為逆向飽和電流(reverse saturation current)(參考圖 2-5)，I_S 約在 10^{-15}A 至 10^{-14}A 之間。

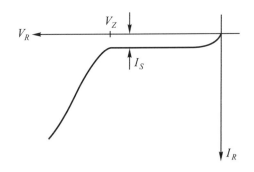

▲ 圖 2-5　電壓-電流圖

當逆向偏壓 $V_R > V_Z$ (崩潰電壓，breakdown voltage)時，會有很大的電流通過二極體(此時 $I_R \gg I_S$)，而使二極體將發生崩潰現象，若此時超過二極體之額定功率，會將二極體燒毀。

註 市售二極體有許多不同額定電流之規格，例如 1A、2A、3A、10A 及 30A 等等，額定電流愈大則體積愈大。

註 市售二極體一般為矽(Silicon)二極體，低頻整流用；另一種為鍺(Germanium)二極體，鍺二極體的順偏電壓降(約 0.2V~0.3V)比矽二極體低(約 0.6V~0.8V)，額定功率很低，高頻檢波用(例如：調幅收音機之聲音檢波電路)。

3. 順向偏壓的狀態(如圖 2-6)，電壓位障 V_o (potential barrier)降低，空乏區寬度變窄。

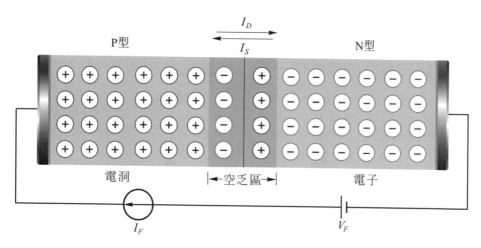

▲ 圖 2-6 順向偏壓電路

在 $V_F > V_r$ 後(V_r 稱為切入電壓(cut-in voltage)，$V_r \approx 0.6V$))，此時 I_D 大幅增加，外加順向電流 $I_F = I_D - I_S$ 亦隨 V_F 增大而大幅增大，如圖 2-7 所示。

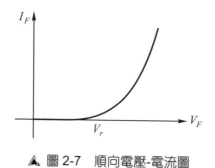

▲ 圖 2-7 順向電壓-電流圖

因二極體電壓與電流的關係為

$$I = I_S \left(e^{\frac{V}{nV_T}} - 1 \right)$$

順偏且在 $0 < V_F < V_r$ 時，

$$I_F = I_S \left(e^{\frac{V_F}{nV_T}} - 1 \right) \approx 0$$

但在 $V_F > V_r$ 後，I_F 隨 V_F 增大而呈指數增大。

(二)另有一種二極體稱為齊納二極體(Zener Diode，ZD)，如圖 2-8 所示，其順向偏壓的特性與一般二極體完全相同。

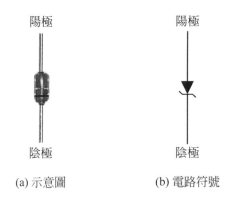

(a) 示意圖　　　　　(b) 電路符號

▲ 圖 2-8　齊納二極體

　　齊納二極體主要工作於逆向偏壓(在崩潰區內)，其逆向偏壓之特性與一般二極體相似，由於製程不同，使得齊納二極體可以在崩潰區工作，將齊納二極體接成圖 2-9 之逆向偏壓電路，其逆向偏壓與逆向電流之特性曲線，如圖 2-10 所示。

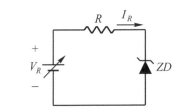

▲ 圖 2-9　逆向偏壓電路

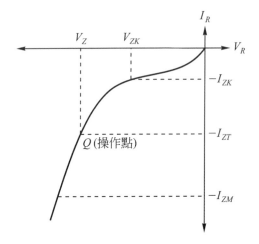

▲ 圖 2-10　逆向偏壓與逆向電流之特性曲線圖

當 $V_R < V_{ZK}$ 時，I_R 很小；但當 $V_R > V_{ZK}$ 時，I_R 開始變大(V_{ZK} 稱膝部電壓(knee voltage)，I_{ZK} 稱膝部電流(knee current))。

齊納二極體之崩潰電壓 V_Z 為選定測試電流 I_{ZT} (test current)所對應之電壓。齊納二極體工作於 $I_{ZK} < I_R < I_{ZM}$ (I_{ZM} 為齊納二極體之額定最大電流)。在此範圍內 V_R 電壓變動很小，常用來當作某固定之參考電壓(reference voltage)。齊納二極體的逆向電流維持在 I_{ZK} (約 0.2mA)和 I_{ZM} (約 70mA)之間，即可讓齊納二極體的逆向端電壓保持在逆向崩潰電壓 V_Z(幾乎為一定值)。

註 另一種特殊二極體為蕭特基二極體(Schottky-Barrier Diode，SBD)，蕭特基二極體的順偏電壓降(約 0.3V ~0.5V)比一般二極體低(約 0.6V~0.8V)，高頻整流用，蕭特基二極體在 TTL(電晶體-電晶體邏輯的縮寫)積體電路中有重要的應用。

註 另一種特殊二極體為高速二極體(fast recovery diode)，因其導通與截止間的交換速度比一般二極體快，通常作為飛輪二極體 (fly wheeling diode or free wheeling diode)使用。

註 另一種特殊二極體為發光二極體(Light-Emitting Diode，LED)，LED 把順向電流轉換成光，即有順偏電流時，此種二極體會發出亮光，流經 LED 的電流愈大則 LED 愈亮，但電流太大會將 LED 燒毀。所以一般用途的 LED 要加限流電阻，將流經 LED 的電流限制在 10mA~20mA 之間。

三、實習步驟：

(一)實驗設備：

1. 電源供應器 ×1
2. 訊號產生器(FG) ×1
3. 示波器 ×1
4. 三用電表 ×1
5. 麵包板 ×1

(二)實驗材料：

若無特別說明電阻規格均為 1/4W，電解電容耐壓 35V，可變電阻為 B 類直線型。

電阻	1kΩ×1
可變電阻	50kΩ×1
二極體	1N4001×1
齊納二極體	3.3V×1

(三)實驗項目：

1. 順向偏壓與電流之特性曲線。電路接線如下：

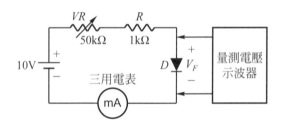

適當調整 50kΩ 之可變電組，得到數組電壓 V_F 及電流 I_F (0.2mA～10mA)數據 (例如在 0.2mA～1mA 任意取 5 組，在 1mA～10mA 任意取 5 組)，並將順向偏壓時之特性曲線繪於下圖(座標軸及刻度單位可自定)：

I_F(mA)										
V_F(V)										

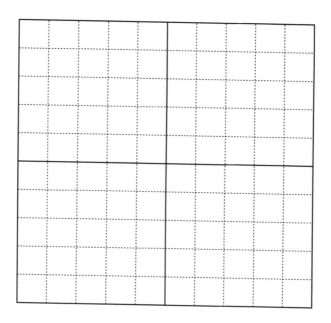

2. 利用齊納二極體(Zener Diode)觀察逆向偏壓與電流之特性曲線。電路接線如下：

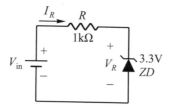

　　適當調整數個不同偏壓V_{in}(慢慢增加電壓至崩潰電壓)，然後量測相對應的逆向電流I_R及逆向電壓V_R，最後將逆向偏壓之特性曲線繪於下圖(座標軸及刻度單位可自定)：

I_R (μA)									
V_R (V)									

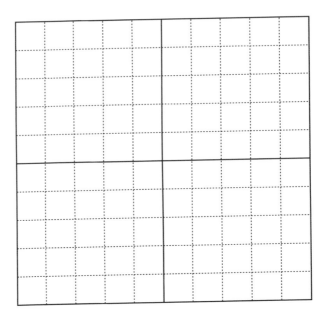

3. 利用示波器之 X-Y mode 測量二極體之 $i-v$ 特性曲線。電路接線如下：

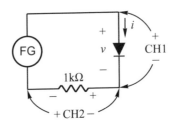

　　調整訊號產生器(FG)之輸出為 200Hz，$20V_{pp}$ 之正弦波，將示波器上觀察到之特性曲線繪於下圖(CH1，CH2 設為 DC 耦合(DC coupling)，先將 CH1，CH2 置於 GND，並利用 position 功能適當調整 X-Y mode 歸零於原點。因為 CH2 $= -i\times1\text{k}\Omega$，所以電流波形會上下顛倒，可將 CH2 的 position 鈕拉起會使 CH2 的訊號反向，故 CH2 $= -(-i\times1\text{k}\Omega) = i\times1\text{k}\Omega$，由此可得正確的特性曲線圖)。

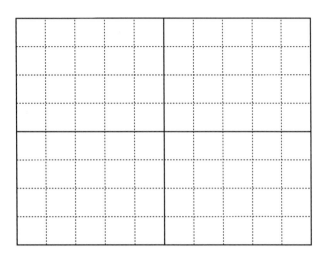

註 利用示波器之 X-Y mode 測量二極體特性曲線的實驗,可使用齊納二極體(Zener diode),例如 3.3V 之齊納二極體,比較容易觀察逆向偏壓時之特性曲線(你可與一般二極體比較實驗結果)。

註 示波器之 CH1 與 CH2 之負端,在示波器內部為短路,故同時使用 CH1 與 CH2 量測波形時,CH1 與 CH2 之負端必需共點,否則可能發生短路情形,示波器可能毀損,若使用隔離探棒(isolated probe)就不必擔心這種情形發生。

四、電路模擬:

利用 Pspice 模擬二極體之 $i-v$ 特性曲線,Pspice 模擬圖如下:

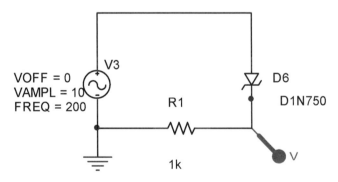

二極體之 $i-v$ 特性曲線如下：

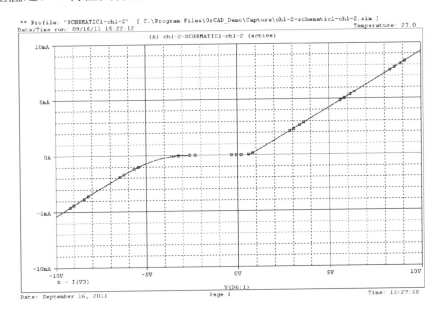

五、問題與討論：

1. 如何利用三用電表判斷二極體的好壞？
2. 由實驗中觀察二極體的切入電壓(cut-in voltage，V_r)為何？
3. 如何選用二極體額定電流之規格呢？
4. 例舉會使用飛輪二極體的應用電路。

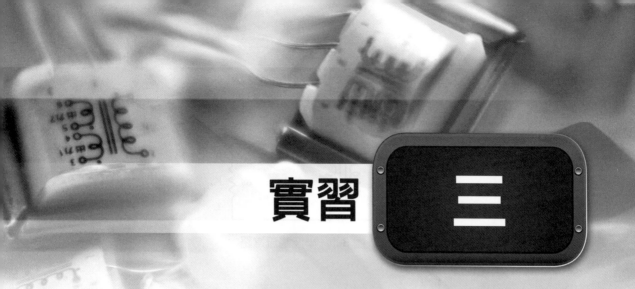

整流(Rectifier)與濾波(Filter)電路實驗

一、實習目的：

了解整流(rectifier)與濾波(filter)電路的原理與設計。

二、實習原理：

整流電路與濾波電路爲直流電源供應器相當重要的電路。常見的二極體整流電路有半波整流電路(half-wave rectifier)，全波整流電路(full-wave rectifier)，和橋式全波整流電路(bridge full-wave rectifier)。在這些整流電路的負載端並聯一個濾波電容(filtering capacitor)，就可以形成整流濾波電路。以下電路分析均假設二極體爲理想二極體(ideal diode)。

(一)整流電路

1. 半波整流電路：圖 3-1 爲半波整流電路。
   (1) 當輸入訊號 v_i 爲正半週時，二極體導通，因此 $V_o = v_i$。
   (2) 當輸入訊號 v_i 爲負半週時，二極體不導通，所以 $V_o = 0$。
   由以上分析，可以得到輸出 V_o 和輸入 v_i 的波形，如圖 3-2 所示。

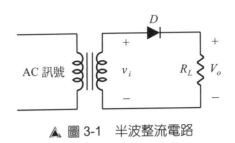

▲ 圖 3-1　半波整流電路

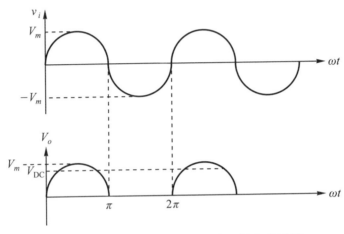

▲ 圖 3-2　半波整流電路之輸出和輸入的波形

若輸入交流訊號 v_i 為

$$v_i = V_m \sin \omega t \tag{3-1}$$

則輸出直流電壓 V_o 之平均值為

$$V_{DC} = \frac{\int_0^{2\pi} V_m \sin(\omega t) d(\omega t)}{2\pi} = \frac{\int_0^{\pi} V_m \sin \theta \, d\theta}{2\pi} = \frac{V_m}{\pi} \tag{3-2}$$

2. 全波整流電路：圖 3-3 為一全波整流電路，又稱為中間抽頭全波整流電路。中間抽頭全波整流電路，每個二極體的逆向峰值電壓(peak inverse voltage，PIV)為 $2V_m$。

(1) 當輸入訊號 v_i 為正半週時，D_1 導通且 D_2 不導通，所以 $V_o=v_i$。

(2) 當輸入訊號 v_i 為負半週時，D_1 不導通且 D_2 導通，所以 $V_o=-v_i$。

由以上分析，可以得到輸出 V_o 和輸入 v_i 的波形，如圖 3-4 所示。

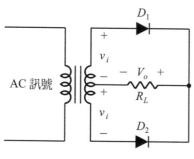

▲ 圖 3-3 全波整流電路

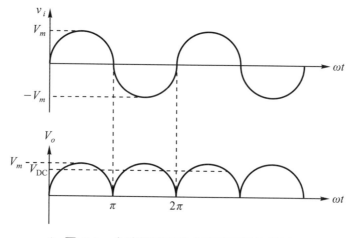

▲ 圖 3-4 全波整流電路之輸出和輸入的波形

由圖 3-4 知,全波整流的週期為半波整流的一半。如果 $v_i = V_m \sin(\omega t)$,則輸出波形的直流電壓為

$$V_{DC} = \frac{\int_0^\pi V_m \sin(\omega t) d(\omega t)}{\pi} = \frac{\int_0^\pi V_m \sin\theta \, d\theta}{\pi} = \frac{2V_m}{\pi} \qquad (3\text{-}3)$$

3. 橋式全波整流電路。

由於中間抽頭的變壓器較貴,為了成本上的考量,所以利用四個二極體組成橋式全波整流電路,且每個二極體的逆向峰值電壓為 V_m,此為中間抽頭全波整流電路的一半。由於以上優點,所以橋式全波整流電路的應用較為廣泛。

圖 3-5 為橋式全波整流電路。

(1) 當輸入訊號 v_i 為正半週時,D_1、D_3 導通且 D_2、D_4 不導通,因此 $V_o = v_i$。

(2) 當輸入訊號 v_i 為負半週時,D_1、D_3 不導通且 D_2、D_4 導通,因此 $V_o = -v_i$。

由以上分析可得到輸出 V_o 和輸入 v_i 的波形，如圖 3-4 所示。同理亦可求出輸出波形的直流電壓 V_{DC} 為 $2V_m/\pi$。

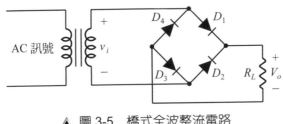

▲ 圖 3-5　橋式全波整流電路

(二)濾波電路

1.　半波整流濾波電路：圖 3-6 為半波整流濾波電路。

 (1)　當二極體導通時，對電容 C 充電。

 (2)　當二極體不導通時，電容經由 R_L 放電。

 所以可得到輸出 V_o 和輸入 v_i 的波形，如圖 3-7 所示，其中 V_{DC} 為輸出波形的直流電壓，V_r 為漣波峰對谷的電壓值。

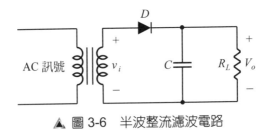

▲ 圖 3-6　半波整流濾波電路

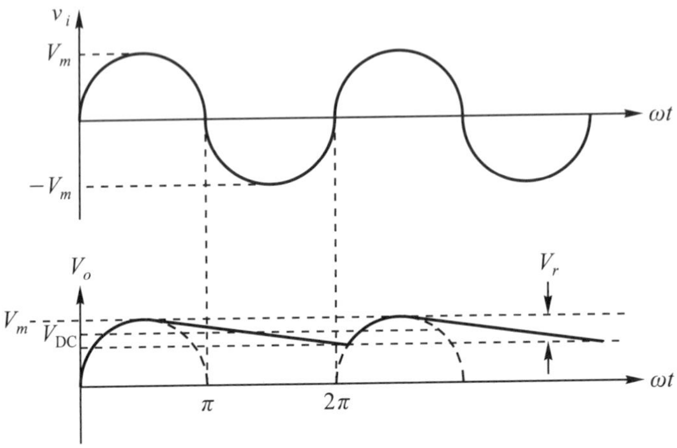

▲ 圖 3-7　半波整流濾波電路之輸出和輸入的波形

半波整流濾波電路，輸出直流電壓的平均值(在 $RC >> T$ 的情況下)

$$V_{DC} \approx V_m - \frac{1}{2}V_r \tag{3-4}$$

其中

$$V_r \approx \frac{V_m}{fRC} \tag{3-5}$$

若 $V_r << V_m$，則

$$V_{DC} \approx V_m \tag{3-6}$$

定義漣波因數(ripple factor) γ 如下：

$$\gamma = \left| \frac{V_{r(\text{rms})}}{V_{DC}} \right| \tag{3-7}$$

其中漣波電壓 V_r 的均方根值(root mean square，rms)

$$V_{r(\text{rms})} = \frac{V_r}{2\sqrt{3}} \tag{3-8}$$

因此半波整流濾波電路的 $V_{r(\text{rms})}$ 為

$$V_{r(\text{rms})} = \frac{V_r}{2\sqrt{3}} \approx \frac{V_m}{2\sqrt{3}\,fRC} \tag{3-9}$$

2. 全波整流濾波電路：圖 3-8 為橋式全波整流濾波電路，其輸入和輸出波形如圖 3-9 所示。

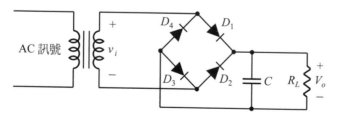

▲ 圖 3-8　橋式全波整流濾波電路

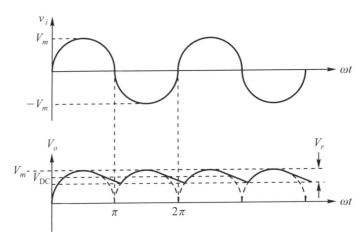

▲ 圖 3-9　全波整流濾波電路之輸入和輸出波形

　　因橋式全波整流電路的輸出波形週期變成 $T/2$，亦即頻率變成 $2f$，因此可得 (在 $RC \gg T$ 的情況下)

$$V_{DC} \approx V_m - \frac{1}{2}V_r \tag{3-10}$$

$$V_r \approx \frac{V_m T}{2RC} = \frac{V_m}{2fRC} \tag{3-11}$$

因此全波整流濾波電路的 $V_{r(\text{rms})}$ 為

$$V_{r(\text{rms})} = \frac{V_r}{2\sqrt{3}} \approx \frac{V_m}{4\sqrt{3}\,fRC} \tag{3-12}$$

若 $V_r \ll V_m$，則

$$V_{DC} \approx V_m \tag{3-13}$$

註 濾波電路的電容值愈大，濾波效果愈好，但價格愈貴。

三、實習步驟：

(一)實驗設備：

1. 電源供應器　　×1
2. 訊號產生器(FG)　×1
3. 示波器　　　　×1
4. 三用電表　　　×1
5. 麵包板　　　　×1

(二)實驗材料：

電阻	1kΩ×1
電解電容	10μF×1
二極體	1N4001×4
變壓器	110V → 6~0~6V (0.5A) ×1

(三)實驗項目：

以下實驗 $R_L = 1\text{k}\Omega$ ， $C = 10\mu\text{F}$ 。

1. 半波整流電路實驗，電路接線如圖 3-1，將輸出 V_o 和輸入 v_i 的波形繪於下圖(可用不同顏色標示)：

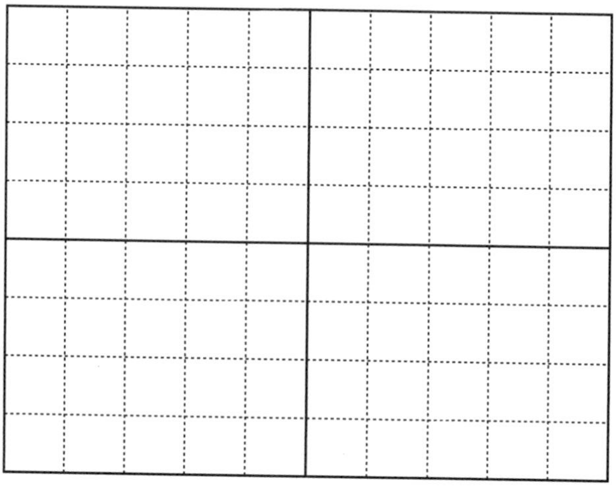

2. 全波整流電路實驗，電路接線如圖 3-3，將輸出 V_o 和輸入 v_i 的波形繪於下圖：

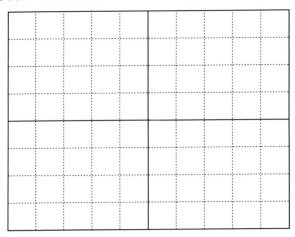

3. 橋式全波整流電路實驗，電路接線如圖 3-5，將輸出 V_o 和輸入 v_i 的波形繪於下圖：

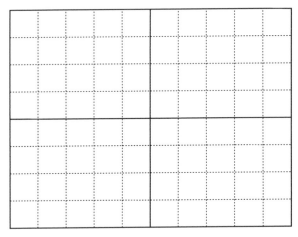

4. 半波整流濾波電路實驗，電路接線如圖 3-6，將輸出 V_o 和輸入 v_i 的波形繪於下圖：

5. 全波整流濾波電路實驗，電路接線如圖 3-8，將輸出 V_o 和輸入 v_i 的波形繪於下圖：

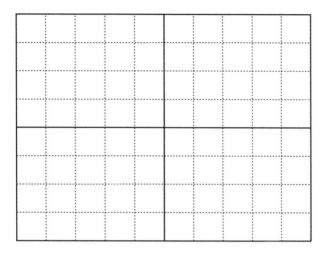

四、問題與討論：

1. 觀察上面實驗波形的頻率、週期、振幅及 V_{DC} 值為何？
2. 討論半波整流和全波整流的優缺點。
3. 計算半波整流濾波電路的漣波因數(ripple factor) $\gamma = ?$
4. 計算全波整流濾波電路的漣波因數(ripple factor) $\gamma = ?$

實習 四

齊納二極體(Zener Diode)之分流穩壓電路實驗

一、實習目的：

研究齊納二極體之分流穩壓電路的特性。

二、實習原理：

齊納二極體(Zener Diode)並非用於一般整流電路，齊納二極體的實用電路是利用其逆向偏壓崩潰的特性，只需讓齊納二極體的逆向電流維持在 I_{ZK} (約 0.2mA)和 I_{ZM}(約 70mA)之間，即可讓齊納二極體的逆向端電壓保持在逆向崩潰電壓 V_Z(幾乎為一定值)。

(一)齊納二極體之分流穩壓(shunt regulator)特性：

如圖 4-1 所示，

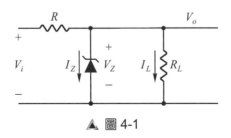

▲ 圖 4-1

當齊納二極體電流 $I_{ZK} < I_Z < I_{ZM}$ 時，其輸出電壓 $V_o = V_Z$，其電流與電壓的關係可寫成

$$I_Z = \frac{V_i - V_Z}{R} - \frac{V_Z}{R_L} \tag{4-1}$$

$$I_{ZK} < \frac{V_i - V_Z}{R} - \frac{V_Z}{R_L} < I_{ZM} \tag{4-2}$$

1. 所以若輸入電壓 V_i 可變而 R_L 值固定，則輸入電壓介於

$$RI_{ZK} + (1 + \frac{R}{R_L})V_Z < V_i < RI_{ZM} + (1 + \frac{R}{R_L})V_Z \tag{4-3}$$

即輸入電壓需滿足(4-3)式，圖 4-1 的輸出電壓 V_o 才會等於 V_Z。

註 一般齊納二極體的 I_{ZK} 約為 0.2mA，I_{ZM} 約為 70mA，而 V_Z 的規格有非常多種 (分佈於 2V～75V 之間)，常見的有 3.3V、5.1V、6.2V、10V 及 20V 等等。所以 0.2 mA < I_Z < 70mA，實際電路中，I_Z 常工作在 10～20mA 左右（調整 R 即可）。

2. 若 R_L 可調變而輸入電壓 V_i 固定，則負載電阻介於

$$\frac{V_Z}{\frac{V_i - V_Z}{R} - I_{ZK}} < R_L < \frac{V_Z}{\frac{V_i - V_Z}{R} - I_{ZM}} \tag{4-4}$$

即 R_L 需滿足(4-4)式，輸出電壓 V_o 才會維持在 V_Z。

註 齊納二極體近來逐漸被特殊設計的 IC 所取代，這些 IC 的穩壓功能比齊納二極體更有彈性。

註 齊納二極體電路中的輸出電壓 $V_o = V_Z$ 常用來提供某固定電壓之參考訊號，並非作定電壓源使用(並非用來作定電壓之偏壓使用)。

三、實習步驟：

(一)實驗設備：

1. 電源供應器　　×1
2. 訊號產生器(FG)　×1
3. 示波器　　　　×1
4. 三用電表　　　×1
5. 麵包板　　　　×1

(二)實驗材料：

電阻	470Ω×1, 3.3kΩ×1
可變電阻	50kΩ×1
齊納二極體	5.1V×1

(三)實驗項目：

1. 齊納二極體(5.1V)之分流穩壓(shunt regulator)實驗，電路如圖 4-1，若輸入電壓 V_i 可變(0〜25V)，而 R_L 值固定為 3.3kΩ，其中 $R = 470\Omega$，做實驗完成下表：(可自定 V_i 值)。

V_i (V)	1	5	8	10	12	15	20	25
I_Z (mA)								
I_L (mA)								
V_o (V)								

參考上表，繪齊納二極體之分流穩壓的 $V_o - V_i$ 特性曲線圖如下：

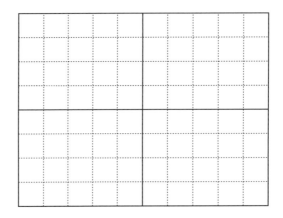

2. 若 R_L 可調變(50kΩ 可變電阻)，而輸入電壓 V_i 固定為 25V，$R = 470Ω$，做實驗完成下表：(可自定 R_L 值)。

$R_L(Ω)$	100	300	1kΩ	5kΩ	10kΩ	20kΩ	30kΩ	50kΩ
I_Z (mA)								
I_L (mA)								
V_o (V)								

四、電路模擬：

為了方便同學課前預習與課後練習，前述之實驗可以利用 Pspice 軟體進行電路之分析模擬 (Pspice 有 student version)，可與實際實驗電路之響應波形進行比對，增進電路檢測分析的能力。(如果 student version 內沒有相同編號的零件，可用性質相近的零件取代)。

齊納二極體之分流穩壓 Pspice 模擬電路圖如下：

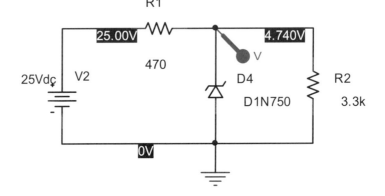

1. 齊納二極體之分流穩壓之特性曲線圖如下：

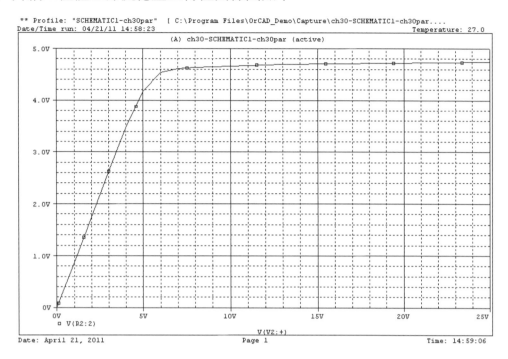

X 軸爲輸入，Y 軸爲輸出。

五、問題與討論：

1. 在輸入電壓 V_i 可變而 R_L 值固定的實驗中，輸入電壓是否需滿足(4-3)式，輸出電壓 V_o 才會等於 V_Z？

2. 在 R_L 可調變，而輸入電壓 V_i 固定的實驗中，負載 R_L 是否需滿足(4-4)式，輸出電壓 V_o 才會維持在 V_Z？

3. 例舉會使用齊納二極體的應用電路。

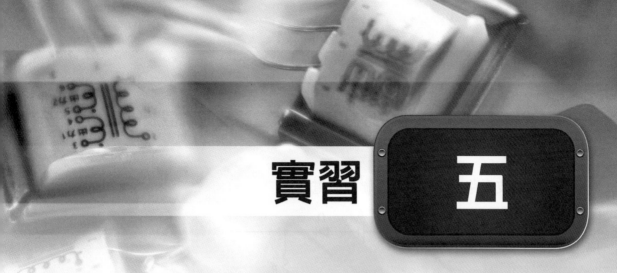

實習 五

截波(Clipper)電路與箝位(Clamping)電路實驗

一、實習目的：

了解截波電路與箝位電路的原理與設計。

二、實習原理：

在電子電路中，將輸入訊號的一部分去除，稱為截波電路(clipper)，截波電路具有限制輸入訊號振幅的作用，故又稱為限制器(limiter)。如果只想將輸入波形作上、下位移(即加入某一直流位準(DC offset))，此電路稱為箝位電路(clamping circuit)(又稱為直流還原器(DC restorer))。以下分別討論各種型式的截波電路與箝位電路(以下分析均假設二極體和電容為理想元件)。

(一)截波電路：截波電路可分為串聯截波電路及並聯截波電路，以下分別介紹。

1. 串聯截波電路：圖 5-1 為串聯截波電路

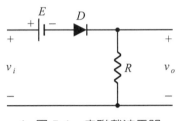

▲ 圖 5-1　串聯截波電路

在以下電路中均假設輸入訊號 v_i（正弦訊號，$V_{pp} = 10\text{V}$），如圖 5-2 所示，且假設直流電壓 E 均為 1V。

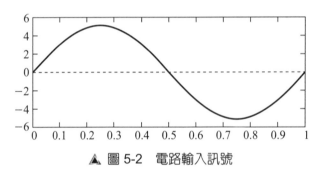

▲ 圖 5-2　電路輸入訊號

在圖 5-1 之電路中，

(1)　當 $v_i > E$ 時，二極體導通，則 $v_o = v_i - E$。

(2)　當 $v_i < E$ 時，二極體不導通，則 $v_o = 0$。

由以上分析，得知輸入電壓波形被偏壓往下平移了 E 伏特，且負半週被截波，因此輸出波形如圖 5-3 所示：

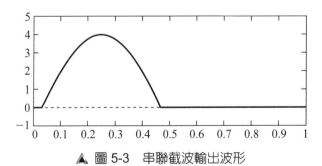

▲ 圖 5-3　串聯截波輸出波形

如果只想被截波而不想被往下平移，則電路圖修改如圖 5-4，其輸出波形如圖 5-5 所示。

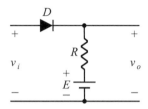

▲ 圖 5-4 串聯截波電路(沒有往下平移)

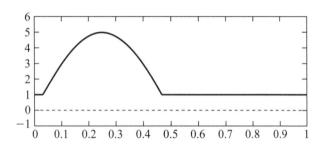

▲ 圖 5-5 串聯截波輸出波形(沒有往下平移)

常見的串聯截波電路，如表 5-1 所示：

▼ 表 5-1

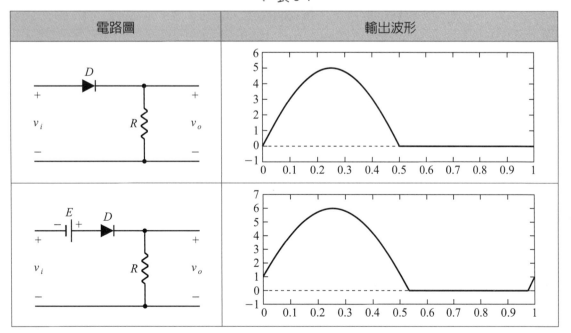

電路圖	輸出波形

▼ 表 5-1 （續）

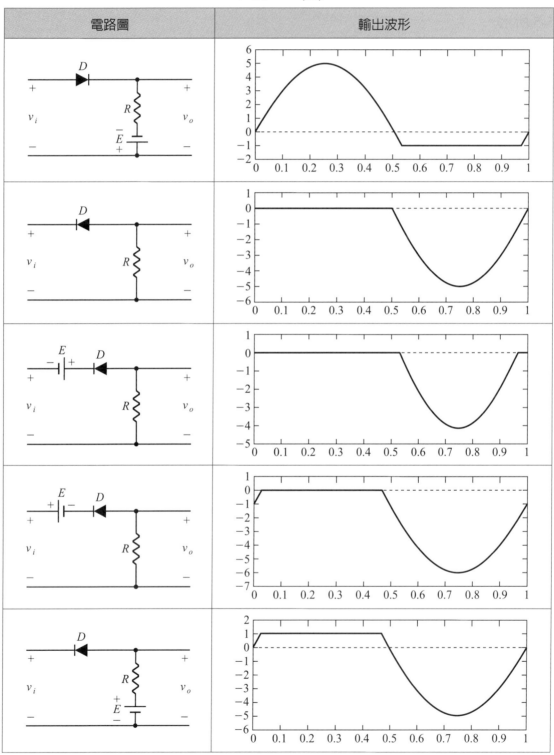

▼ 表 5-1　(續)

電路圖	輸出波形
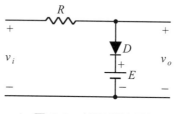	

2. 並聯截波電路：如果在二極體處加入偏壓，則為有偏壓之並聯截波電路，如圖 5-6 所示。

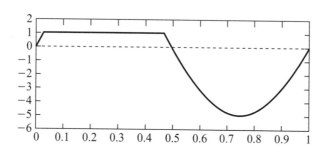

▲ 圖 5-6　並聯截波電路

在圖 5-6 之電路中，

(1) 當 $v_i > E$ 時，二極體導通，則 $v_o = E$。

(2) 當 $v_i < E$ 時，二極體不導通，則 $v_o = v_i$。

由以上分析可得並聯截波電路之輸出波形如圖 5-7 所示：

▲ 圖 5-7　並聯截波電路輸出波形

常見的並聯截波電路如表 5-2 所示：

▼ 表 5-2

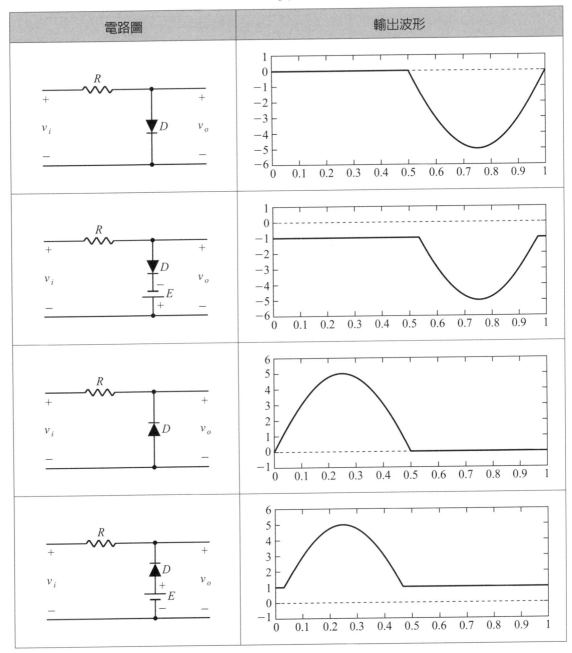

▼ 表 5-2　(續)

電路圖	輸出波形

(二)箝位電路：箝位電路也有許多種類，下面介紹幾種常見的電路。

1. 正箝電路：箝位電路可將輸入波形往上位移(稱正箝電路)，如圖 5-8 所示；如果在二極體處加入偏壓則為有加偏壓之正箝電路。

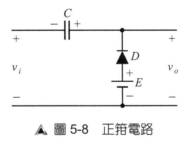

▲ 圖 5-8　正箝電路

在圖 5-8 之電路中，

(1) 當 $v_i = -V$ 時，二極體導通，則 $v_o = E$ 且 $v_c = v_o - v_i = (E+V)$。

(2) 當 $v_i = V$ 時，二極體不導通，則 $v_o = v_i + v_c = V + (E+V) = 2V + E$。

因此可得正箝電路之輸出波形如圖 5-9 所示：

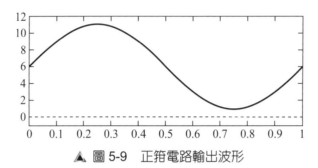

▲ 圖 5-9　正箝電路輸出波形

常見之正箝位電路如表 5-3 所示：

▼ 表 5-3

電路圖	輸出波形
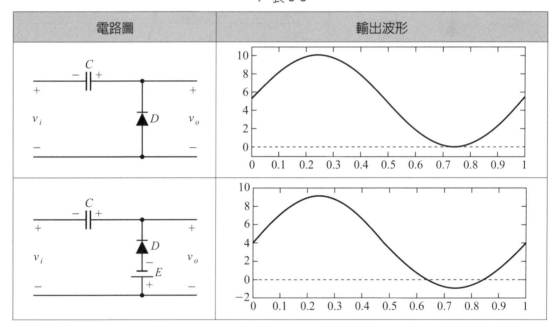	

2. 負箝電路：箝位電路可將輸入波形往下位移(稱負箝電路)，如圖 5-10 所示；如果在二極體處加入偏壓則為有加偏壓之負箝電路。

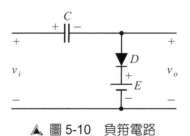

▲ 圖 5-10　負箝電路

在圖 5-10 之電路中，

(1)　當 $v_i=V$ 時，二極體導通，則 $v_o=E$ 且 $v_c=V-E$。

(2)　當 $v_i=-V$ 時，二極體不導通，則 $v_o=v_i-v_c=-V-(V-E)=-2V+E$。

因此可得負箝電路之輸出波形如圖 5-11 所示：

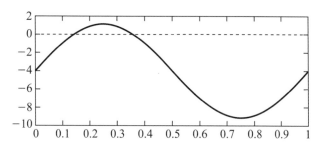

▲ 圖 5-11　負箝電路輸出波形

常見的負箝電路如表 5-4 所示：

▽ 表 5-4

電路圖	輸出波形
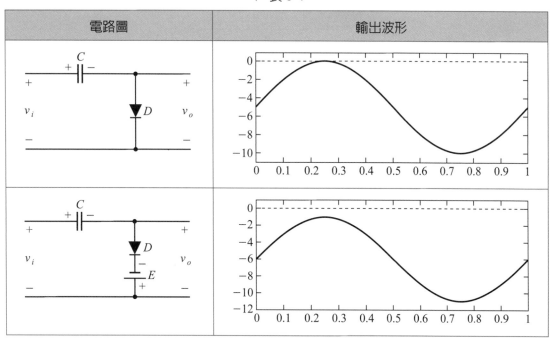	

三、實習步驟：

(一)實驗設備：

1. 電源供應器 　　×1
2. 訊號產生器(FG) 　×1
3. 示波器 　　　　×1
4. 三用電表 　　　×1
5. 麵包板 　　　　×1

(二)實驗材料：

電阻	1kΩ×1
電解電容	4.7μF×1
二極體	1N4001×2

(三)實驗項目：

　　以下電路中，輸入訊號 v_i 為 500Hz，$V_{pp} = 16V$ 之正弦波，電阻 R 為 1kΩ，電容 C 為 4.7μF，直流電壓 E 均為 4V(由直流電源供應器提供，想想看該如何接線呢？)。

1. 串聯截波電路實驗，電路接線如下圖：

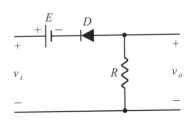

將輸入及輸出的波形繪於下圖：

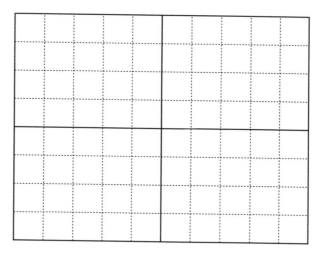

將 CH1 接 v_i，CH2 接 v_o，設定 DC coupling，再利用 X-Y mode，將輸入及輸出的 $v_i - v_o$ 轉換曲線繪於下圖：

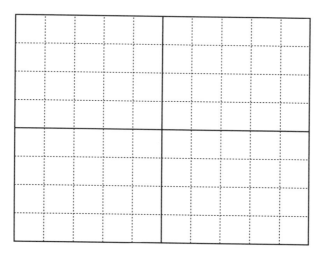

2. 並聯截波電路實驗，電路接線如下圖：

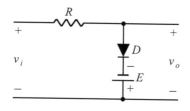

將輸入及輸出的波形繪於下圖：

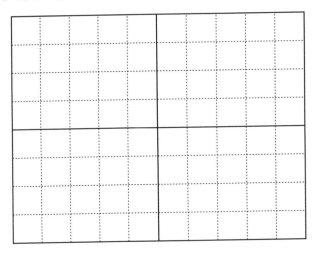

將 CH1 接 v_i，CH2 接 v_o，設定 DC coupling，再利用 X-Y mode，將輸入及輸出的 $v_i - v_o$ 轉換曲線繪於下圖：

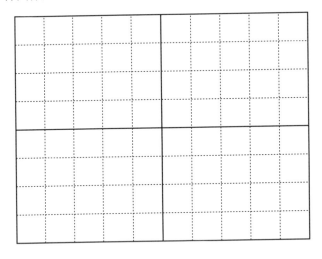

3. 另一個並聯截波電路實驗，電路接線如下圖：

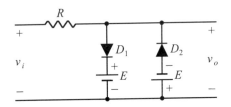

將輸入及輸出的波形繪於下圖：

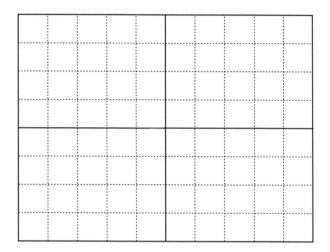

將 CH1 接 v_i，CH2 接 v_o，設定 DC coupling，再利用 X-Y mode，將輸入及輸出的 $v_i - v_o$ 轉換曲線繪於下圖：

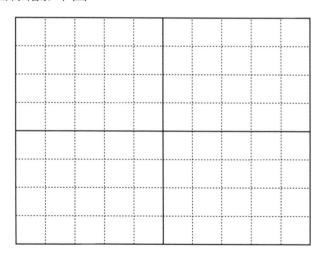

4. 正箝電路實驗，電路接線如下圖：

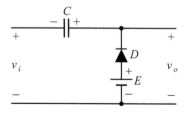

將輸入及輸出的波形繪於下圖：

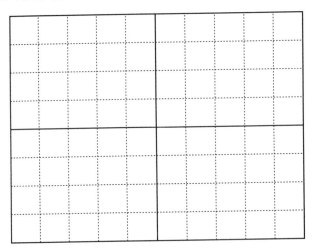

將 CH1 接 v_i，CH2 接 v_o，設定 DC coupling，再利用 X-Y mode，將輸入及輸出的 $v_i - v_o$ 轉換曲線繪於下圖：

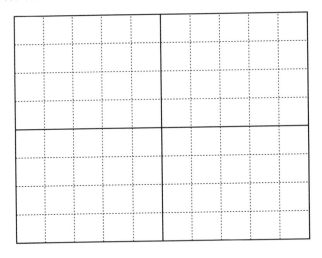

四、電路模擬：

串聯截波電路，Pspice 模擬電路圖如下：

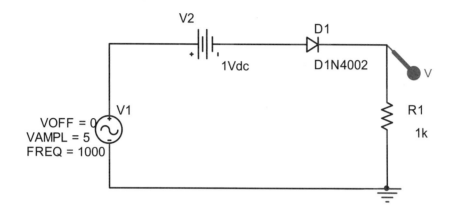

1. 串聯截波電路，輸入、輸出電壓波形如下：

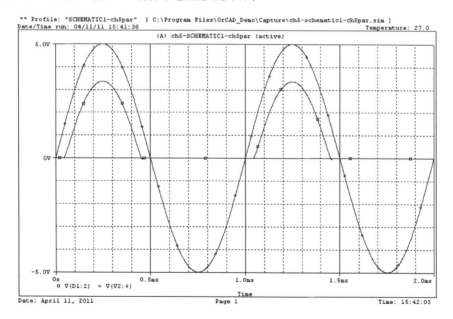

五、問題與討論：

1. 將上述的實驗輸入訊號改成方波或三角波，觀察輸出的波形。

2. 在正箝電路實驗中，將輸入的頻率逐漸加大，觀察輸出的波形有何影響呢？

3. 例舉截波電路的應用場合。

4. 例舉箝位電路的應用場合。

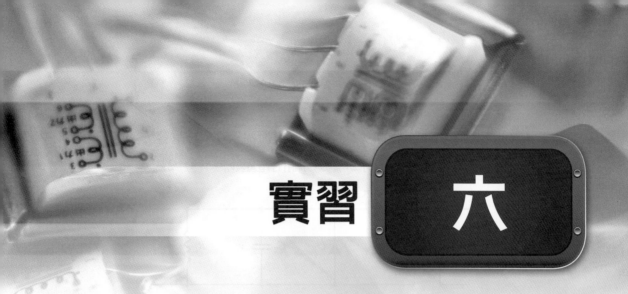

倍壓(Voltage Doubler)電路實驗

一、實習目的：

了解倍壓電路的原理與設計。

二、實習原理：

本實驗中，我們分別探討二倍倍壓(double voltage)電路，包括半波倍壓電路和全波倍壓電路；三倍倍壓(triple voltage)電路；和四倍倍壓(quadruple voltage)電路，利用箝位電路(Clamping CKT)的原理，將二極體和電容組合起來(以下分析均假設二極體和電容為理想元件)，即可形成輸出電壓振幅為輸入電壓振幅倍數的倍壓(voltage multiplier)電路，例如：家用電蚊拍與映像管(CRT)的高壓產生電路。

(一)二倍倍壓電路(倍壓器，voltage doubler)：

1. 圖 6-1 為半波倍壓電路：

    (1) 當 $v_i < 0$ 時，D_1 導通，D_2 不導通，(電流流經 D_1 對電容 C_1 開始充電) $v_{C1} = -v_i$，且 v_{C1} 可充電到 V_m (V_m 為輸入電壓 v_i 的振幅峰值)。若電容 C_2 上有電壓，則會經由 R_L 放電。

(2) 當 $v_i > 0$ 時，D_1 不導通，D_2 導通，(電流流經 D_2 對電容 C_2 開始充電) $v_{C2} = v_i + v_{C1}$，且 v_{C2} 可充電到 $2V_m$，則輸出電壓 $v_o = v_{C2} = 2V_m$。

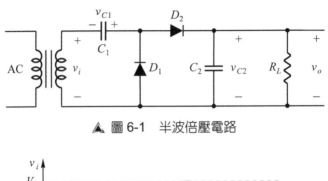

▲ 圖 6-1　半波倍壓電路

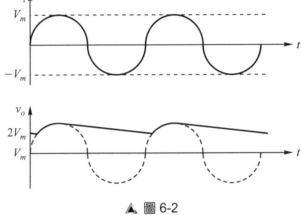

▲ 圖 6-2

　　由以上分析可得輸入電壓及輸出電壓波形如圖 6-2 所示，此圖中輸出電壓的漣波頻率和輸入電壓頻率一樣，所以為半波倍壓器 (half-wave voltage doubler)。

註 若負載 R_L 的值夠大，則電容 C_2 上的電壓約可維持在 $2V_m$，亦即輸出電壓 v_o 維持在 $2V_m$，若 R_L 值不夠大，則 C_2 會經由 R_L 放電，造成輸出電壓有漣波的情形。

2. 圖 6-3 為全波倍壓電路：

(1) 當 $v_i < 0$ 時，D_1 導通、D_2 不導通，對 C_1 充電且 v_{C1} 可充電到 V_m，此時若 C_2 上有電壓，會經由 R_L 和 C_1 的路徑放電。

(2) 當 $v_i > 0$ 時，D_1 不導通、D_2 導通，對 C_2 充電且 v_{C2} 可充電到 V_m，此時 C_1 上的電壓會經由 C_2 和 R_L 路徑放電，則輸出電壓 $v_o = v_{C1} + v_{C2} = 2V_m$。

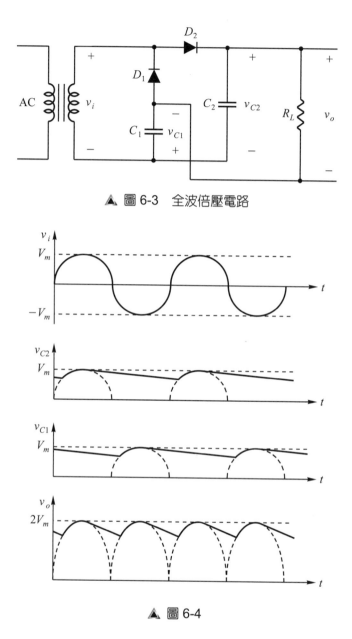

▲ 圖 6-3　全波倍壓電路

▲ 圖 6-4

　　由以上分析可得輸入電壓 v_i、v_{C1}、v_{C2} 和輸出電壓 v_o 的波形如圖 6-4 所示，輸出電壓的漣波頻率為輸入電壓頻率的兩倍，所以為全波倍壓器 (full-wave voltage doubler)。

註 若負載 R_L 的值夠大，則 C_1 和 C_2 上的電壓均為 V_m，亦即輸出電壓 v_o 可維持在 $2V_m$，若 R_L 值不夠大，則造成輸出電壓有漣波的情形。

(二)三倍倍壓(triple voltage)電路

1. 圖 6-5 為三倍倍壓電路：

   (1) 當 $v_i > 0$ 時，D_1 導通，C_1 可充電到 $v_{C1} = V_m$。

   (2) 當 $v_i < 0$ 時，D_2 導通，C_2 可充電到 $v_{C2} = 2V_m$。

   (3) 當下一個 $v_i > 0$ 時，D_3 導通，C_3 可充電到 $2V_m$，則輸出電壓 $v_o = v_{C1} + v_{C3}$ $= V_m + 2V_m = 3V_m$。

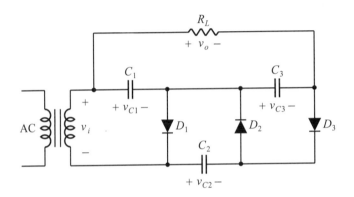

▲ 圖 6-5　三倍倍壓電路

(三)四倍倍壓(quadruple voltage)電路

1. 圖 6-6 為四倍倍壓電路：

   (1) 當 $v_i > 0$ 時，D_1 導通，C_1 可充電到 $v_{C1} = V_m$。

   (2) 當 $v_i < 0$ 時，D_2 導通，C_2 可充電到 $v_{C2} = 2V_m$。

   (3) 當下一個 $v_i > 0$ 時，D_3 導通，C_3 可充電到 $v_{C3} = 2V_m$。

   (4) 當下一個 $v_i < 0$ 時，D_4 導通，C_4 可充電到 $v_{C4} = 2V_m$，則輸出電壓 $v_o = v_{C2} + v_{C4}$ $= 2V_m + 2V_m = 4V_m$。

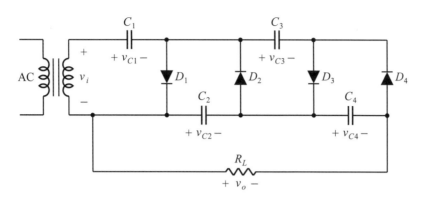

▲ 圖 6-6　四倍倍壓電路

三、實習步驟：

(一)實驗設備：

1　電源供應器　　×1
2　訊號產生器(FG)　×1
3　示波器　　　　×1
4　三用電表　　　×1
5　麵包板　　　　×1

(二)實驗材料：

電阻	470Ω×1, 10kΩ×1
電解電容	100μF×2, 470μF×2
二極體	1N4001×2
變壓器	110V → 6~0~6V (0.5A) ×1

(三)實驗項目：

下面實驗，$R_L = 470\Omega$，$C_1 = C_2 = 100\mu F$。

1. 半波倍壓電路實驗，電路接線如圖 6-1，將輸入及輸出的波形繪於下圖：

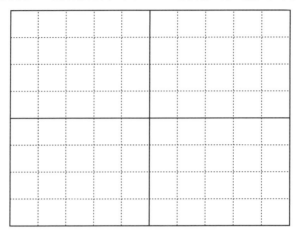

2. 全波倍壓電路實驗，電路接線如圖 6-3，將輸入及輸出的波形繪於下圖：

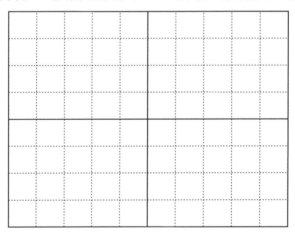

四、電路模擬：

(一)半波倍壓電路，Pspice 模擬電路圖如下：

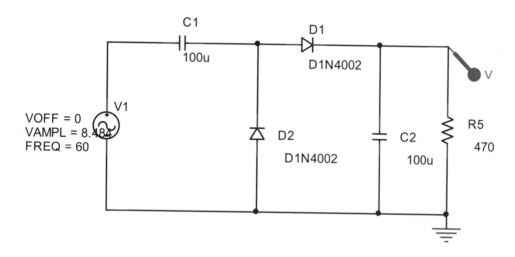

1. 半波倍壓電路，R=470Ω，輸出電壓波形如下：

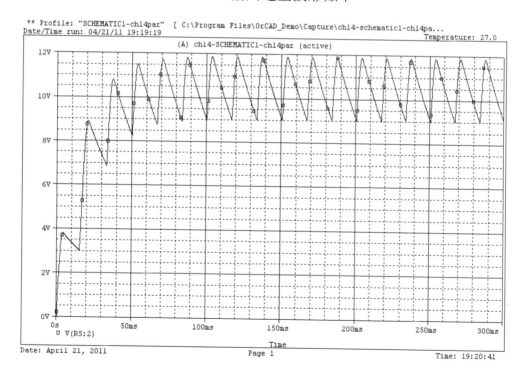

2. 半波倍壓電路，$R=10\text{k}\Omega$，輸出電壓波形如下：

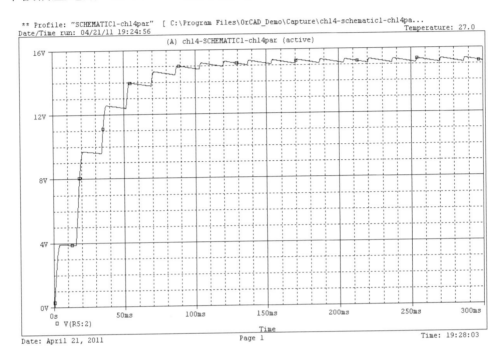

(二)全波倍壓電路，Pspice 模擬電路圖如下：

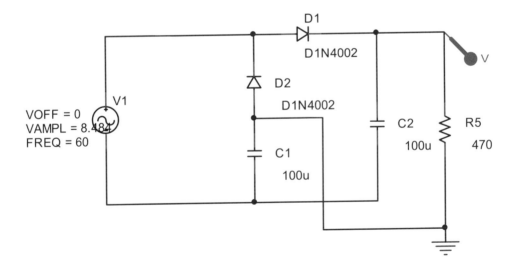

1. 全波倍壓電路，R=470Ω，輸出電壓波形如下：

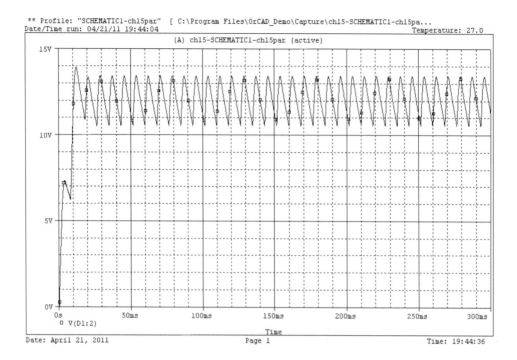

2. 全波倍壓電路，R=10kΩ，輸出電壓波形如下：

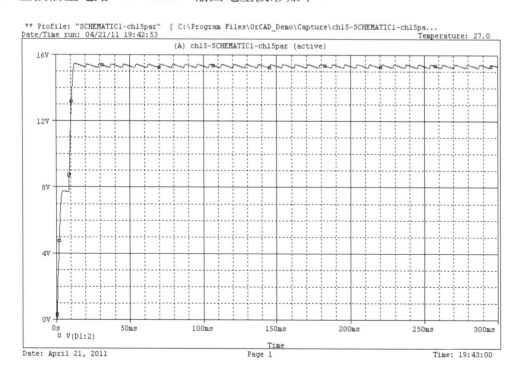

五、問題與討論：

1. 上述倍壓電路實驗中，更改 $R_L = 10\text{k}\Omega$（維持 $C_1 = C_2 = 100\mu\text{F}$），對於輸出漣波有何影響呢？

2. 上述倍壓電路實驗中，更改 $C_1 = C_2 = 470\mu\text{F}$（維持 $R_L = 470\Omega$），對於輸出漣波有何影響呢？

3. 討論半波倍壓電路和全波倍壓電路的優缺點。

4. 例舉倍壓電路的應用場合。

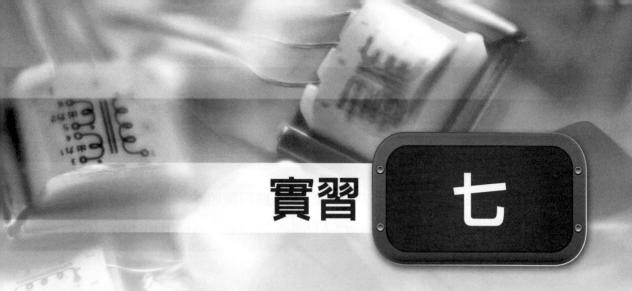

實習 七

雙極性接面電晶體 BJT 之特性實驗

一、實習目的：

了解雙極性接面電晶體(Bipolar Junction Transistor，BJT)之特性與測量。

二、實習原理：

將二極體的 P 端或 N 端，再形成一個接面(junction)，則會變成 NPN 型或 PNP 型雙接面電晶體，簡稱為 BJT (又可稱為雙載子接面電晶體)，如圖 7-1 所示。本實習中，將討論 NPN 型電晶體及 PNP 型電晶體的特性，並測量電晶體的直流電流增益 h_{FE}，最後探討電晶體的輸入及輸出之特性曲線，以下將分別敘述之。

▲ 圖 7-1　雙極性接面電晶體

(一)電晶體的測量

1. 種類的判別(NPN 或 PNP)

NPN 型和 PNP 型電晶體有三支接腳,其電路符號如圖 7-2 所示。箭頭(方向為由 P 到 N)所在的位置為射極(Emitter,E),水平的位置為基極(Base,B),另外一支接腳則為集極(Collector,C)。

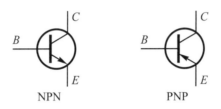

NPN　　　　　　PNP

▲ 圖 7-2　NPN 和 PNP 電晶體的電路符號

註 全世界對電晶體的編號方式很混亂(大部份由製造商自行編號),以下列舉日本對電晶體的編號方式:

2SAxxxx	PNP 型	高頻用電晶體
2SBxxxx	PNP 型	低頻用電晶體
2SCxxxx	NPN 型	高頻用電晶體
2SDxxxx	NPN 型	低頻用電晶體

xxxx 為電晶體的編號,例如 2SC2222 為高頻用 NPN 型電晶體。低頻用與高頻用並未明確區分規格值,由製造商依用途自行定義。

先找出電晶體的基極(B):將三用電表設定在歐姆檔($R×1$ 歐姆檔),將三用電表的任一支測試棒固定在電晶體某一支接腳(任意選定),並將另一支測試棒分別接到電晶體的另二支接腳,如果指針沒有大弧度偏轉,則固定的那支接腳一定不是電晶體的基極,再用同樣的方法測試另二支接腳,如果指針都大弧度偏轉,則固定的那支腳為電晶體的基極且判斷如下,

(1) 若固定的測試棒為紅色(接三用電表的+極,但此極為三用電表內部電池的負極),則此電晶體為 PNP 電晶體。

(2) 若固定的測試棒為黑色(接三用電表的−極,但此極為三用電表內部電池的正極),則此電晶體為 NPN 電晶體。

2. 接腳的判別(B，C，E)

先用前述方法找到電晶體的基極(B)及判別出電晶體的型式。

(1) 對 NPN 電晶體而言，先假設某一支接腳為集極(C)並利用手指之電阻將 B 和 C 連接起來，做順向偏壓，如圖 7-3 所示。此時三用電表設定在 R×1k 歐姆檔。如果指針大幅偏轉，則假設正確，另一支接腳為射極(E)，否則假設錯誤，需再假設另一支接腳為集極(C)，並重複上述方法。若依上述方法正確操作，指針均不會大幅偏轉，則表示電晶體已損壞了。

(2) 對 PNP 電晶體而言，測試的方法和上述相同，但必須把紅色和黑色測試棒交換，如圖 7-4 所示。

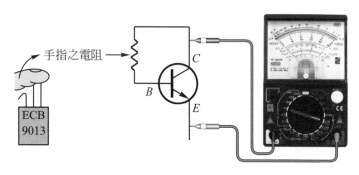

▲ 圖 7-3　NPN 電晶體 9013 接腳的判別

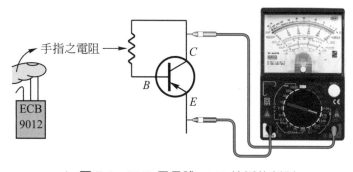

▲ 圖 7-4　PNP 電晶體 9012 接腳的判別

3. 直流順向電流增益 h_{FE} (DC forward current gain 或定義為 β_{dc}，即 $h_{FE} = \beta_{dc}$)的測量：若使用數位式三用電表，則有特別的一個量測 h_{FE} 專用插座及專用檔。若使用類比式三用電表，將類比式三用電表的選鈕設定於量測 h_{FE} 專用檔(有不同的基極電流可選擇)，其餘操作如下。

對於 NPN 電晶體而言,測量 h_{FE} 的方法如下:

(1) 將電晶體專用測量棒接於三用電表之負(N)插孔。紅色夾子接於電晶體的集極,黑色夾子接於電晶體基極。

(2) 三用電表之正(P)插孔,接紅色測試棒並和電晶體的射極相連接。

(3) 直接讀取 h_{FE} 刻度的指示值。

對於 PNP 電晶體而言,測量 h_{FE} 的方法如下:

(1) 將電晶體專用測量棒接於三用電表之正(P)插孔。紅色夾子接於電晶體的集極,黑色夾子接於電晶體的基極。

(2) 三用電表之負(N)插孔,接黑色測試棒並和電晶體的射極相連接。

(3) 直接讀取 h_{FE} 刻度的指示值

電晶體有三種操作模式,分別敘述如下:

(1) 作用區(active region):射極接面順偏,集極接面反偏。

(2) 截止區(cutoff region):射極接面反偏,集極接面反偏。

(3) 飽和區(saturation region):射極接面順偏,集極接面順偏。

註 BJT 電晶體基本上有兩種功能,其一做放大器(amplifier)使用,操作於工作區(active region),BJT 電晶體放大器操作於工作區(active region)才能有近似線性的放大特性;另一種做切換開關(switch)使用,操作於飽和區(saturation region,相當於"開"的動作)和截止區(cutoff region,相當於"關"的動作)之間切換。

(二)電晶體輸入特性曲線(I_B vs V_{BE})的測量(input characteristics)

在本實習,將針對 NPN 電晶體,共射極組態來探討輸入電流和輸入電壓之間的關係,此 I_B-V_{BE} 特性曲線又稱為輸入特性曲線。圖 7-5 可用來測量 NPN 電晶體的輸入曲線。

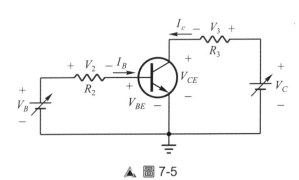

▲ 圖 7-5

其中 V_B 和 V_C 為可調電壓，可提供不同的基極電流 I_B 和集極電壓 V_{CE}，因此 $I_B=V_2/R_2$，$I_C=V_3/R_3$，$V_{BE}=V_B-I_B\times R_2$，$V_{CE}=V_C-I_C\times R_3$，注意 $I_C/I_B=h_{FE}$ 。

圖 7-6 為圖 7-5 NPN 電晶體的輸入特性曲線。

(1) 當 $V_{CE}=0$ 且 $V_{BE}>0$ 時，射極接面為順偏，且 I_B 和 V_{BE} 的關係和順偏之 P-N 二極體一樣，V_{BE} 必須大於切入電壓(cut-in voltage)，才有電流 I_B。

(2) 對相同的 V_{BE} 而言，如果 V_{CE} 增加，則會使得基極的有效基極寬度(effective base width)減少，造成 I_B 變小，如圖 7-6 所示。

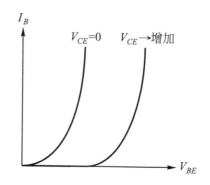

▲ 圖 7-6　NPN 電晶體的輸入特性曲線

(三)電晶體輸出特性曲線($I_C\sim V_{CE}$)的測量(output characteristics)

1. 圖 7-7 為圖 7-5 NPN 電晶體的輸出特性曲線。

(1) 當 V_{CE} 大於 $V_{CE(sat)}$ (V_{CE} 的飽和電壓)且 $I_B>0$ 則電晶體之射極接面順偏，集極接面反偏→電晶體在作用區工作。

(2) 當 V_{CE} 小於 $V_{CE(sat)}$，則電晶體之射極接面順偏，集極接面順偏→電晶體在飽和區工作。

(3) 當 $I_B=0$ 或 $I_C=I_{CEO}$ (I_{CEO} 的定義是當基極為開路(open)時，從集極(C)流到射極(E)的電流)，則電晶體之射極接面反偏，集極接面反偏→電晶體在截止區工作。

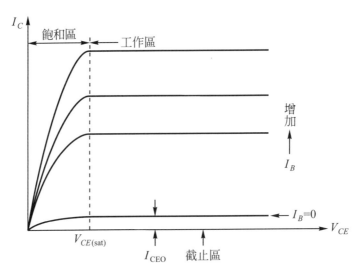

▲ 圖 7-7　NPN 電晶體的輸出特性曲線

註 電晶體在飽和區工作時，V_{CE} 有小幅度的變化量，但 I_C 有大幅度的變化量。

註 在作用區工作時，V_{CE} 有大幅度的變化量，但 I_C 的變化量非常小，且 $I_C \approx \beta_F I_B$，β_F 為共射極順向短路電流增益(common-emitter forward short-circuit (V_{CB}=0) current gain)。因為 $h_{FE} = I_C/I_B \approx \beta_F$，所以在許多場合我們將 h_{FE} 與 β_F 視為等同 (均視為直流電流增益 β_{dc} (dc current gain)，即 $h_{FE} = \beta_{dc} \approx \beta_F$)。對於典型的電晶體其 h_{FE} 值約在 50～300 之間。即使是編號相同的電晶體，其 h_{FE} 值的差異性也很大。實際上電晶體的其它參數值的差異性也很大，所以我們在設計電晶體偏壓電路時，儘量選擇與電晶體的直流電流增益(或其它參數)較不相關的偏壓電路，例如定電流偏壓電路。另一方面，在設計電晶體放大器電路時，也儘量考慮與電晶體的交流電流增益(或其它參數)較不相關的放大電路，例如迴授放大器電路。

註 另外一個電流增益為增量電流增益(incremental common-emitter forward short-circuit current gain)或交流電流增益(ac common-emitter forward short-circuit current gain)，定義如下：

$$\beta_{ac} = \left.\frac{\Delta i_C}{\Delta i_B}\right|_{v_{CE}=\text{constant}}$$

β_{ac} 與 β_{dc} 的大小不同(通常 $\beta_{dc} < \beta_{ac}$)，典型值約相差 10%至 20%之間，但在許多場合我們不刻意去區別這兩種參數，也就是說我們經常把 β_{ac} 與 β_{dc} 均簡化以電流增益 β 表示，讀者應該很清楚 β_{ac} 與 β_{dc} 這兩種參數的區別及運用場合，也就是說當你看到某一電流增益 β 時，你應該可以判斷此 β 應是 β_{ac} 或是 β_{dc}，簡單說 β_{ac} 在小訊號模型中使用，而 β_{dc} 在直流偏壓的場合使用(或大訊號模型中使用)。一般而言，電晶體的 Data sheet 也只列出 h_{FE} 值而已，並沒有列出 β_F 或 β_{ac} 的值，所以我們通常將 h_{FE} 值視為(ac 或 dc)電流增益 β 值。

註 β_{ac} 亦以 h_{fe} 表示，即 $\beta_{ac} = h_{fe}$。

註 在低頻混和 π 模型(low-frequency hybrid-π model)中，$\beta_{ac} = g_m \times r_\pi$。

註 有些課本用 β_o 表示 β_{ac}，即 $\beta_{ac} = \beta_o$。

(四)以李賽氏(Lissajous)圖形法求得電晶體的輸出特性曲線

除了利用圖 7-5 的電路，以描點的方式求出電晶體的輸出特性曲線($I_C \sim V_{CE}$)，亦可用李賽氏圖形法來求得電晶體的輸出特性曲線，如圖 7-8 所示。在圖 7-8 中，e_1 為正弦交流訊號，E_2 為可調的直流偏壓，所以對某一直流 E_2 而言，可得到電流 $I_B = v_3/R_1$。二極體允許 e_1 交流訊號的正半週通過，因此 $I_C = v_2/R_2$，但阻擋負半週訊號。

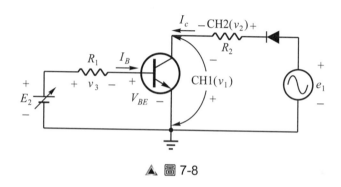

▲ 圖 7-8

利用示波器之 CH1 和 CH2 分別來觀察 V_{CE} 和 I_C 的波形，其中 $V_{CE} = -v_1$，I_C 正比於 v_2。將示波器的時間刻度選鈕轉到 X-Y 模式，固定 E_2 即可得到某一 I_B 值，則可得到一條 $I_C \sim V_{CE}$ 的輸出特性曲線。改變數個不同的 E_2 值，則可得到圖 7-9 的(左邊) $I_C \sim V_{CE}$ 的輸出特性曲線圖。

註 由於 $V_{CE} = -v_1$ 且 $I_C = v_2/R_2$，所以電晶體真正的輸出特性曲線和示波器所看到的曲線不同，由於電壓 V_{CE} 為 X 軸讀取值的反相，而 I_C 電流的大小為 Y 軸讀取值的 $1/R_2$ 倍 (故實際輸出特性曲線如圖 7-9 的右邊波形)。

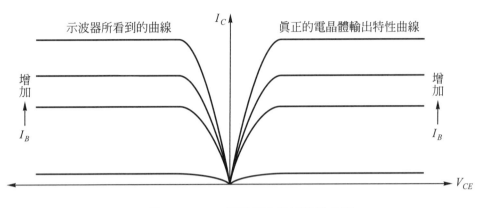

▲ 圖 7-9　NPN 電晶體的輸出特性曲線

三、實習步驟:

(一)實驗設備:

1. 電源供應器　　×1
2. 訊號產生器(FG)　×1
3. 示波器　　　　×1
4. 三用電表　　　×1
5. 麵包板　　　　×1

(二)實驗材料:

電阻	1kΩ×1, 100kΩ×1
二極體	1N4001×1
電晶體	C9013×1(TO-92 包裝)npn transistor(接腳 bottom view 從左至右 EBC)
電晶體	C9012×1(TO-92 包裝)pnp transistor(接腳 bottom view 從左至右 EBC)

(三)實驗項目：

1. 練習利用三用電表判別電晶體的好壞、種類及接腳。

2. 練習利用三用電表測量電晶體的 h_{FE}。

3. 電晶體輸入特性曲線(I_B vs V_{BE})的測量實驗，電路接線如圖 7-5，其中 $R_2=100\text{k}\Omega$、$R_3=1\text{k}\Omega$、V_B 和 V_C 為可調電壓，以提供不同的基極電流 I_B 和集極電壓 V_{CE}，將實驗數據填入下表並繪其輸入特性曲線圖如下(座標軸及刻度單位可自定)：

V_C=1V 時：

V_B (V)	0.75	0.9	1.2	1.5	1.7
I_C (mA)					
I_B (μA)					
I_C/I_B					
V_{BE} (V)					
V_{CE} (V)					

上面實驗中，電晶體有進入飽和區嗎？

V_C=4V 時：

V_B (V)	0.75	0.9	1.2	1.5	1.7
I_C (mA)					
I_B (μA)					
I_C/I_B					
V_{BE} (V)					
V_{CE} (V)					

上面實驗中，電晶體有進入飽和區嗎？

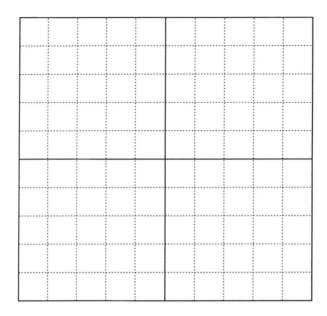

4. 練習以李賽氏(Lissajous)圖形法求得電晶體的輸出特性曲線,在圖 7-8 中,e_1 為正弦交流訊號(訊號產生器輸出 1kHz、$V_{pp}=10V$ 之正弦波),$R_1=100k\Omega$、$R_2=1k\Omega$,E_2 為可調的直流偏壓(調 1.2V~7V),改變數個不同的 E_2 值(至少 3 個,例如:1.2V、2.7V、4V 及 7V 等),則可得到圖 7-9 的(左邊)$I_C \sim V_{CE}$ 的輸出特性曲線圖,將此特性曲線繪於下圖中:

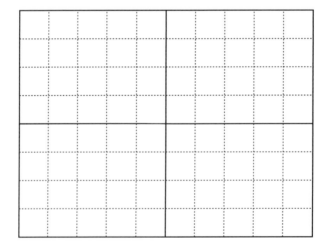

四、問題與討論：

1. 比較其它組量測的電晶體 h_{FE}，差別會很大嗎？
2. 比較用三用電錶測量的 h_{FE} 值與做實驗所得的 h_{FE} 值。
3. BJT 電晶體有幾種操作模式？
4. 例舉其它常用的 NPN 電晶體和 PNP 電晶體。
5. NPN 電晶體和 PNP 電晶體的使用場合有何區別呢？
6. 上網路找 C9013 與 C9012 的 data sheet，參考這些 BJT 電晶體的規格。

實習　八

BJT 放大器直流偏壓(DC Bias)電路實驗

一、實習目的：

研究電晶體放大器之偏壓(bias)電路。

二、實習原理：

電晶體放大器操作於工作區(active region)才能提供電晶體有近似線性的放大特性，如何選取適當的直流偏壓(DC bias point)點(或操作點(operating point))，以獲得最大的輸出訊號的振幅(amplitude)，是偏壓設計的重要考量，即盡量將操作點設計於工作區的中心點，本實習提供幾種常用電晶體之偏壓電路。

📝註　BJT 電晶體基本上有兩種功能，其一做放大器(amplifier)使用，操作於工作區(active region)，BJT 電晶體放大器操作於工作區(active region)才能有近似線性的放大特性；另一種做切換開關(switch)使用，操作於飽和區(saturation region)和截止區(cutoff region)之間切換。

📝註　如前一實習所討論的電流增益定義問題，在許多場合我們不刻意去區別 β_{ac} 與 $\beta_{dc}=h_{FE}$ 這兩種參數，也就是說我們經常把 β_{ac} 與 β_{dc} 均簡化以電流增益 β 表示，讀者應該很清楚 β_{ac} 與 β_{dc} 這兩種參數的區別及運用場合，簡單說 β_{ac} 在小訊號模型中使用，而 β_{dc} 在直流偏壓的場合使用(或大訊號模型中使用)。對於典型的電晶體其 h_{FE} 值約在 50～300 之間。即使是編號相同的電晶體，其 h_{FE} 值的差異性也很大。實際上，電晶體的其它參數值的差異性也很大，所以我們在設計電晶體偏壓電路時，儘量選擇與電晶體的直流電流增益(或其它參數)較不相關的偏壓電路，例如定電流偏壓電路。另一方面，在設計電晶體放大器電路時，也儘量考慮與電晶體的交流電流增益(或其它參數)較不相關的放大電路，例如迴授放大器電路。β_{ac} 與 β_{dc} 的大小不同，典型值約相差 10%至 20%之間。一般而言，電晶體的 Data sheet 也只列出 h_{FE} 值而已，並沒有列出 β_{ac} 的值，所以我們通常將 h_{FE} 值視為(ac 或 dc)電流增益 β 值。

(一)自給偏壓電路(self-bias CKT)：

電晶體自給偏壓電路如圖 8-1 所示。

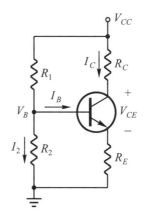

▲ 圖 8-1 自給偏壓電路

此偏壓電路分析如下：若 $I_2 \gg I_B$ (即 $\beta \gg 1$)，則

$$V_B \approx \frac{R_2}{R_1 + R_2} V_{CC} \tag{8-1}$$

$$I_C \approx I_E = \frac{V_E}{R_E} = \frac{V_B - V_{BE}}{R_E} \approx \frac{V_B - 0.7}{R_E} \tag{8-2}$$

$$V_{CE} = V_{CC} - I_C R_C - I_E R_E = V_{CC} - I_C (R_C + R_E) \tag{8-3}$$

好的偏壓電路就是設計操作點(operating point)盡量對 β 值的變動不敏感，即可得穩定性良好的偏壓電路。這個電流增益 β 就是指 β_{dc}，即 $\beta = \beta_{dc}$。

R_E 電阻提供一個負迴授(negative feedback)機制，以改善直流偏壓的穩定性，因此又被稱為的射極回穩電阻(emitter degeneration resistance)，可防止電晶體因為熱跑脫(Thermal runaway)所導致的電晶體燒毀。

(二)雙電源的偏壓電路：

雙電源的偏壓電路如圖 8-2 所示。

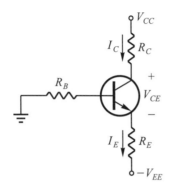

▲ 圖 8-2　具雙電源的偏壓電路

此偏壓電路分析如下：如果有兩個電源(即 V_{CC} 和 $-V_{EE}$)可以使用，偏壓電路的設計就更為簡單，若 $\beta \gg 1$，則

$$I_C \approx I_E \approx \frac{V_{EE} - V_{BE}}{R_E} \approx \frac{V_{EE} - 0.7}{R_E} \tag{8-4}$$

$$V_{CE} = (V_{CC} + V_{EE}) - I_C R_C - I_E R_E \approx (V_{CC} + V_{EE}) - I_C(R_C + R_E) \tag{8-5}$$

(三)具集極迴授電阻的偏壓電路：

具集極迴授電阻的偏壓電路如圖 8-3 所示。

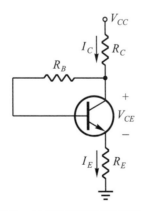

▲ 圖 8-3　具集極迴授電阻的偏壓電路

此偏壓電路分析如下：若 $\beta \gg 1$ 及 $R_{CC} \gg R_B /(1+\beta)$，則

$$I_C \approx I_E \approx \frac{V_{CC} - V_{BE}}{R_C + R_E} \approx \frac{V_{CC} - 0.7}{R_C + R_E} \tag{8-6}$$

(四)使用定電流源的偏壓電路：

使用定電流源的偏壓電路如圖 8-4 所示。

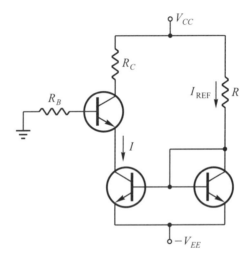

▲ 圖 8-4　定電流源的偏壓電路

此偏壓電路分析如下：如圖 8-4 所示，BJT 可以用定電流源 I 來偏壓(此定電流源電路就是所謂的電流鏡(current mirror))，這偏壓電路的優點是偏壓電流 I 與 β 值及偏壓電阻值無關。此種偏壓電路常用於 IC(積體電路)電路中。偏壓電流 I 如(8-7)式所示：

$$I = I_{REF} = \frac{V_{CC} + V_{EE} - V_{BE}}{R} \tag{8-7}$$

註 MOSFET 的輸出電流 I_D 由電壓 V_{GS} 控制，因此 MOSFET 被稱為電壓控制-電流源(voltage-controlled current source)元件；而 BJT 的輸出電流 I_C 由輸入電流 I_B 控制，因此 BJT 被稱為電流控制-電流源(current-controlled current source)元件。

三、實習步驟：

(一)實驗設備：

1. 電源供應器　　　×1
2. 訊號產生器(FG)　×1
3. 示波器　　　　　×1
4. 三用電表　　　　×1
5. 麵包板　　　　　×1

(二)實驗材料：

電阻	1kΩ×1, 4.7kΩ×1, 330kΩ×1
可變電阻	100kΩ×1
電晶體	C9013×1(TO-92 包裝)npn transistor(接腳 bottom view 從左至右 EBC)

(三)實驗項目：

1. 自給偏壓電路(self-bias CKT)實驗，電路接線如圖 8-1，其中 $V_{CC} = 15V$ 、 $R_1 = 330k\Omega$ 、 $R_2 = 100k\Omega$ (可變電阻)、 $R_C = 4.7k\Omega$ 、 $R_E = 1k\Omega$ ，(設計 C9013 之偏壓電路，使得 $V_{CE} \approx \frac{1}{2}V_{CC} = 7.5V$ 、 $I_C \approx 1.0mA{\sim}2.0mA$)調整 R_2 做實驗完成 下表：(I_B 很小，很難直接量測，想一想，要如何得到 I_B 值呢？)

R_2	V_B	V_C	V_E	V_{CE}	I_C	I_B	I_C/I_B
					1.0mA		
					1.3mA		
					1.5mA		
					2.0mA		

四、問題與討論：

1. 在上面自給偏壓電路(self-bias CKT)實驗中，比較實驗值與理論值。
2. 比較用三用電表測量的 h_{FE} 值與上面做實驗所得的 I_C / I_B 值。
3. 工作區的中心點(操作點)，該如何決定呢？
4. 設計偏壓電路的重點為何？

實習 九

BJT 共射極(Common Emitter)放大器實驗

一、實習目的：

了解共射極放大器(common emitter amplifier)的小訊號分析。

二、實習原理：

在前面的實習，我們已經對(BJT)電晶體放大器的直流偏壓(bias)電路有了基本的認識。接下來我們來研究電晶體放大器的小訊號(small signal)分析，對於 BJT 電晶體的小訊號分析，共可分為三種組態，分別為共射極放大器(common emitter amplifier)，共基極放大器(common base amplifier)及共集極放大器(common collector amplifier)，我們會在以後的實習中分別研究這三種基本的放大器組態。首先我們研究共射極放大器的小訊號分析，共射極放大器為最常使用的放大器組態。如圖 9-1 所示，此放大器電路為自給偏壓(self-bias)式的共射極放大器電路。

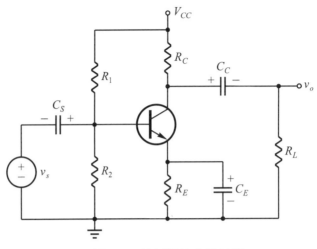

▲ 圖 9-1　共射極放大器電路

其中：

1. C_S 與 C_C 為耦合電容(coupling capacitor)可隔絕直流偏壓並且讓小訊號通過，耦合電容通常在幾 μF 到十幾 μF 之間。

2. C_E 稱為旁路電容(bypass capacitor)，這個旁路電容可將 R_E 的效應旁路(bypass)掉(針對小信號而言)，以提高共射極放大器的電壓增益(voltage gain)及電流增益(current gain)，通常旁路電容 C_E 值約在幾 μF 到幾十 μF 之間。

3. v_S 為訊號產生器輸入給 BJT 的訊號，這個訊號等效成一個 v_{sig} (訊號源開路電壓)串聯一個電阻 R_{sig} (訊號源內阻，約等於 50Ω)，R_{sig} 只跟整體電壓增益 $G_v = v_o/v_{sig}$ 和輸出電阻 R_{out} 有關。

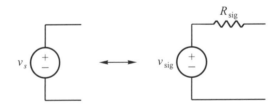

（註）訊號產生器的內阻(訊號源內阻) R_{sig} 約為 50Ω (不同型式的訊號產生器的內阻均不同，使用者要詳查訊號產生器的 data sheet)。

4. R_L 為負載(load)電阻。

5. R_1，R_2，R_E，R_C 為自給偏壓電阻，其中 R_E 在這放大器電路中提供一個負迴授(negative feedback)機制，以改善直流偏壓的穩定性，因此又被稱為的射極回穩電阻(emitter degeneration resistance)，可防止電晶體因為熱跑脫(Thermal runaway)所導致的電晶體燒毀。

首先，我們先做直流偏壓分析，對於直流而言，可將電容視為開路，則圖 9-1 的等效直流偏壓電路如圖 9-2 所示：

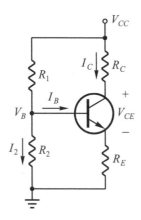

▲ 圖 9-2　共射極放大器直流分析電路

利用前面實習的結果可知，若在 $I_B << I_2$ 及 $I_B << I_C$ 的情形下

$$V_B \approx \frac{R_2}{R_1 + R_2} V_{CC} \tag{9-1}$$

$$I_C \approx \frac{V_E}{R_E} \approx \frac{V_B - V_{BE}}{R_E} \approx \frac{V_B - 0.7}{R_E} \tag{9-2}$$

$$V_{CE} \approx V_{CC} - I_C(R_C + R_E) \tag{9-3}$$

接下來，我們研究小訊號分析，先將直流偏壓去除(即將獨立的直流電壓源短路，將獨立的直流電流源斷路)；同時將耦合電容(C_S 與 C_C)及旁路電容(C_E)短路[對於交流訊號而言，這些耦合電容(C_S 與 C_C)及旁路電容(C_E)的容抗(阻抗)很小，可將其視為零(短路)]，並代入 BJT 電晶體的混合 π 模型；如圖 9-3 所示：

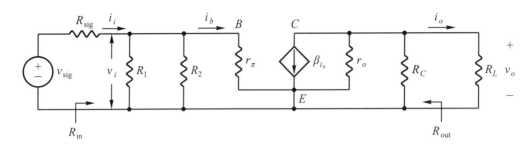

▲ 圖 9-3　共射極放大器小訊號 π 模型電路（含 r_o）

(註) 在低頻混和 π 模型(low-frequency hybrid-π model)中，$\beta = g_m \times r_\pi$；這個電流增益 β 就是指 β_{ac}，即 $\beta = \beta_{ac}$；β_{ac} 有時也以 h_{fe} 表示，即 $\beta_{ac} = h_{fe}$。

圖 9-3 中之射極(Emitter)為輸入 v_i (負端)與輸出 v_o (負端)之共同接地點，故此放大器名稱為共射極放大器。通常只要 $r_o > 10R_C$，則圖 9-3 中 r_o 的影響就可以忽略，如圖 9-4 所示：

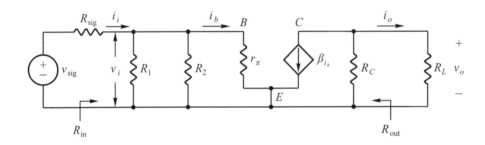

▲ 圖 9-4　共射極放大器小訊號 π 模型電路(不含 r_o)

圖 9-4 中的共射極放大器之小訊號分析如下：

$$v_o = -\beta i_b (R_C /\!/ R_L) \tag{9-4}$$

$$v_b = v_i \tag{9-5}$$

$$i_b = \frac{v_b}{r_\pi} = \frac{v_i}{r_\pi} \tag{9-6}$$

(註) r_π 大約數 kΩ (a few kΩ)，因 $r_\pi = V_T / I_B$，假設 thermal voltage $V_T \approx 25\text{mV}$、$I_B = 6.5\mu\text{A}$，則 $r_\pi \approx 3.8\text{k}\Omega$。

由(9-4)式和(9-6)式可得電壓增益(voltage gain)

$$A_v = \frac{v_o}{v_i} = -\beta \frac{(R_C \,//\, R_L)}{r_\pi} \tag{9-7}$$

當 $R_L = \infty$ 時，共射極放大器的開路電壓增益(open-loop voltage gain)

$$A_{vo} = A_v \big|_{R_L = \infty} = -\beta \frac{R_C}{r_\pi} \tag{9-8}$$

註 從(9-7)式可知 v_o 與 v_i 恰好為反相(即差一個負號或有 180°的相位差)。

由於 $i_o = v_o/R_L$ 且 $i_b = (R_1//R_2)\,/\,(R_1//R_2 + r_\pi)\,i_i$，可求得

$$i_i = \frac{R_1 \,//\, R_2 + r_\pi}{R_1 \,//\, R_2} i_b \tag{9-9}$$

則電流增益(current gain)為

$$A_i = \frac{i_o}{i_i} = \frac{(R_1 \,//\, R_2)v_o}{(R_1 \,//\, R_2 + r_\pi)R_L i_b} = \frac{-\beta(R_1 \,//\, R_2)(R_C \,//\, R_L)}{(R_1 \,//\, R_2 + r_\pi)R_L} = \frac{-\beta(R_1 \,//\, R_2)R_C}{(R_1 \,//\, R_2 + r_\pi)(R_C + R_L)} \tag{9-10}$$

短路電流增益(short-circuit current gain)

$$A_{is} = A_i \big|_{R_L = 0} = \frac{-\beta\, i_b}{i_i} = \frac{-\beta\, i_b}{\dfrac{((R_1 \,//\, R_2) + r_\pi)}{(R_1 \,//\, R_2)} i_b} = \frac{-\beta(R_1 \,//\, R_2)}{((R_1 \,//\, R_2) + r_\pi)} \tag{9-11}$$

當 $R_1//R_2 \gg r_\pi$ 時，$R_1//R_2 + r_\pi \fallingdotseq R_1//R_2$，則

$$A_{is} \approx -\beta \tag{9-12}$$

輸入電阻(input resistor)

$$R_{\text{in}} = \frac{v_i}{i_i} = R_1 \,//\, R_2 \,//\, r_\pi \tag{9-13}$$

因此整體電壓增益(overall voltage gain)

$$G_v = \frac{v_o}{v_{sig}} = \frac{v_o}{v_i} \times \frac{v_i}{v_{sig}} = A_v \frac{R_{in}}{R_{sig} + R_{in}} \tag{9-14}$$

輸出電阻(output resistor)

$$R_{out} = \frac{v_x}{i_x}\Big|_{v_{sig}=0} \approx R_c \tag{9-15}$$

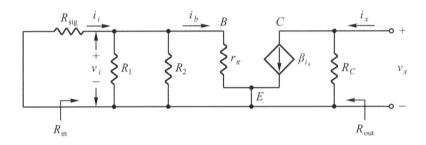

▲ 圖 9-5　輸出電阻之等效電路

　　綜合整理：共射極放大器有高的電流增益 A_i，高的電壓增益 A_v，中等的輸入電阻 R_i，高的輸出電阻 R_o。共射極放大器的特徵是有高的電流增益 A_i 及高的電壓增益，故為最常使用的放大器組態。但輸入與輸出為反相且基極與集極間的電容所導致的密勒效應(Miller effect)，使得其頻率特性較其他種放大器差，其電壓增益 A_v 越大，則其頻率響應特性越差，其高頻截止頻率(cut off frequency)為 $1/A_v$。

註 放大器的實際性能數值與電晶體參數值、偏壓方式、偏壓電阻和負載電阻等有關(且差異很大)。

三、實習步驟：

(一)實驗設備：

1. 電源供應器　　×1
2. 訊號產生器(FG)　×1
3. 示波器　　　　×1
4. 三用電表　　　×1
5. 麵包板　　　　×1

(二)實驗材料：

電阻	1kΩ×2, 2.2kΩ×1, 4.7kΩ×1, 330kΩ×1
可變電阻	100kΩ×1
電解電容	10μF×2, 47μF×1
電晶體	C9013×1(TO-92 包裝)npn transistor(接腳 bottom view 從左至右 EBC)

(三)實驗項目：

1. 共射極放大器(common emitter amplifier)實驗，電路接線如圖 9-1，其中 $V_{CC}=15V$ 、 $R_1=330kΩ$ 、 $R_2=100kΩ$ (可變電阻)、 $R_C=4.7kΩ$ 、 $R_E=1kΩ$ 、 $R_L=1kΩ$ 、 $C_S=C_C=10μF$ 、 $C_E=47μF$ ，(設計 C9013 之偏壓電路，使得 $V_{CE}\approx\frac{1}{2}V_{CC}=7.5V$ 、 $I_C\approx1.3mA$)調整 R_2，使得 $I_C\approx1.3mA$ ，並做(直流偏壓)實驗完成下表：

當 $R_2=$＿＿＿＿＿kΩ 時， $I_C\approx1.3mA$ ，

V_B	V_C	V_E	V_{CE}	I_E	I_C	$I_B=I_C/h_{FE}$

再將訊號產生器的輸出 $v_s=v_i$ 調整為 $V_{pp}=40mV\sim100mV$ 之正弦波。

註 可視實際狀況增減輸入訊號的振幅，若因輸入訊號 v_i 很小，而導致訊號產生器的輸出很難調整，可調整訊號產生器的輸出(例如： $V_{pp}=1V$)，再按下訊號產生器的-20dB 鍵(訊號衰減 10 倍)，即可得到 $V_{pp}=100mV$ 之輸入值。

定義輸入 v_i 的峰值為 V_{ip}，輸出 v_o 的峰值為 V_{op}， A_v (dB)= $20log(|V_{op}/V_{ip}|)$ ，分別設定訊號產生器之輸出頻率 $f=$100Hz、330Hz、1kHz、3.3kHz、10kHz、33kHz、100kHz，利用示波器量測不同輸入訊號頻率對放大器電壓放大率之影響，計算各頻率條件下之增益值紀錄於下表中。

f (Hz)	100	330	1k	3.3k	10k	33k	100k
V_{op}							
V_{ip}							
V_{op}/V_{ip}							
A_v(dB)							

依上面實驗所得之數據，做 A_v(dB)對 f 之頻率響應圖，繪於下圖：

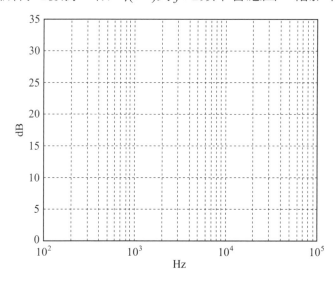

更換 $R_L = 2.2\text{k}\Omega$，做實驗完成下表，並與上面實驗值作比較。

f(Hz)	100	330	1k	3.3k	10k	33k	100k
V_{op}							
V_{ip}							
V_{op}/V_{ip}							
A_v(dB)							

依上面實驗所得之數據，做 A_v(dB)對 f 之頻率響應圖，繪於下圖：

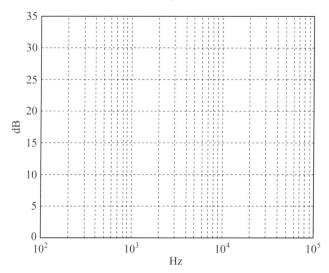

四、電路模擬：

　　為了方便同學課前預習與課後練習，前述之實驗可以利用 Pspice 軟體進行電路之分析模擬，可與實際實驗電路之響應波形進行比對，增進電路檢測分析的能力。(如果沒有相同編號的零件，可用性質相近的零件取代)

　　共射極放大器，Pspice 模擬電路圖如下：

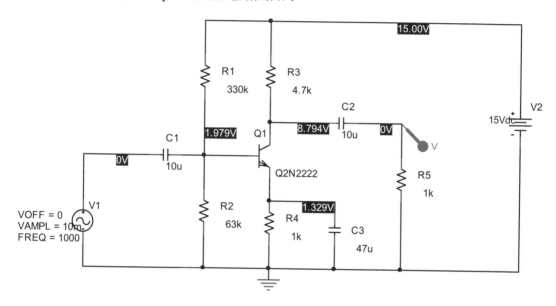

1. 共射極放大器，輸入、輸出模擬電壓波形如下：

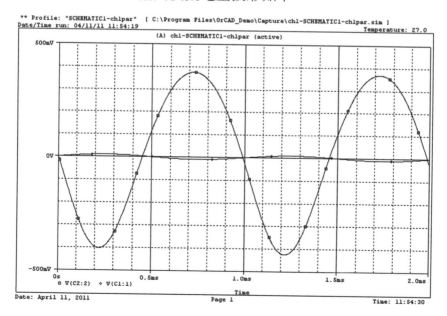

2. 共射極放大器，A_v 之頻率響應模擬圖如下：

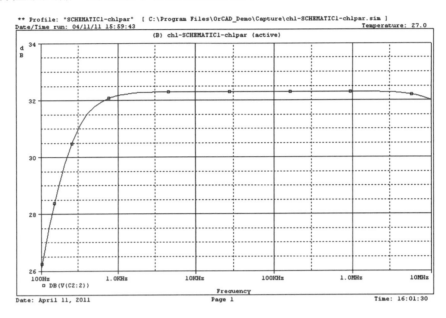

五、問題與討論：

1. 在上面實驗中，若將旁路電容(bypass capacitor)C_E 移除，對於電壓增益(voltage gain)有何影響呢？

2. 受何因素影響，在低頻及高頻時的電壓增益會變小。

3. 討論共射極放大器的特性。

4. 共射極放大器應用於何種電路呢？

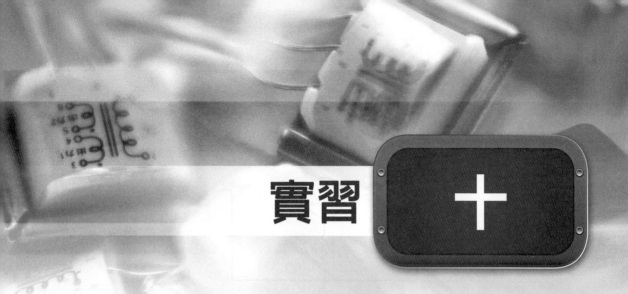

BJT 共集極(Common Collector)放大器實驗

一、實習目的：

研究 BJT 共集極放大器(common collector amplifier)的小訊號分析。

二、實習原理：

本次實驗探討 BJT 放大器之第二種組態，共集極(common collector)放大器，如圖 10-1 所示：

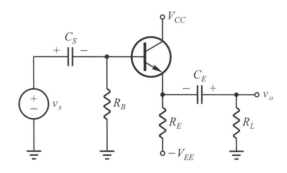

▲ 圖 10-1 BJT 共集極放大器電路

首先做直流偏壓分析,將電容短路可得圖 10-2 之電路。

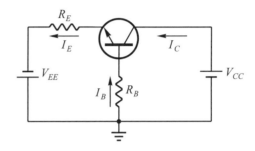

▲ 圖 10-2　BJT 共集極放大器直流分析電路

從圖 10-2 可知

$$V_{EE} - I_B R_B - V_{BE} - I_E R_E = 0 \tag{10-1}$$

因為 $I_B = I_E/(1+\beta)$ 且 $I_E \fallingdotseq I_C = \beta I_B$,所以

$$(\text{當} V_{EE} \gg V_{BE} \text{且} \beta \gg 1)\, I_E = \frac{V_{EE} - V_{BE}}{R_E + \dfrac{R_B}{1+\beta}} \approx \frac{V_{EE}}{R_E + \dfrac{R_B}{\beta}} \tag{10-2}$$

$$V_B = -I_B R_B = -\frac{I_E}{1+\beta} R_B \tag{10-3}$$

$$V_E = -I_B R_B - V_{BE} = -I_B R_B + I_E R_E + I_B R_B - V_{EE}$$
$$= I_E R_E - V_{EE} \approx (\frac{R_E}{R_E + R_B / \beta} - 1) V_{EE} \tag{10-4}$$

$$V_{CE} = V_{CC} - V_E \approx V_{CC} - (\frac{R_E}{R_E + R_B / \beta}) V_{EE} \tag{10-5}$$

接下來我們做小訊號分析,將獨立電壓源短路(即令 $V_{CC}=0$ 和 $V_{EE}=0$),且將耦合電容 C_S 及 C_E 短路,電晶體代入混合 π 模型可得共集極放大器之小訊號模型,如圖 10-3 所示:

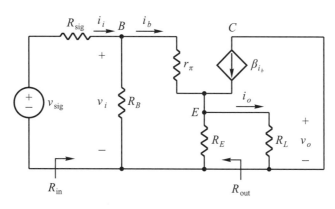

▲ 圖 10-3　共集極放大器小訊號分析混合 π 模型電路

觀察圖 10-3 中之集極(collector)為輸入 v_i 和輸出 v_o 之共同點，故名為共集極
(common collector)放大器。

因為 $i_o = (R_E/(R_E+R_L))(1+\beta)\,i_b$，可得

$$v_o = i_o R_L = (R_E \mathbin{/\mkern-5mu/} R_L)(1+\beta)i_b \tag{10-6}$$

$$v_i = i_b r_\pi + (R_E \mathbin{/\mkern-5mu/} R_L)(1+\beta)i_b = i_b(r_\pi + (1+\beta)(R_E \mathbin{/\mkern-5mu/} R_L)) \tag{10-7}$$

$$i_i = \frac{v_i}{R_B} + i_b = \frac{(r_\pi + (1+\beta)(R_E \mathbin{/\mkern-5mu/} R_L))i_b}{R_B} + i_b = (\frac{(r_\pi + (1+\beta)(R_E \mathbin{/\mkern-5mu/} R_L))}{R_B} + 1)i_b \tag{10-8}$$

所以電壓增益(voltage gain)

$$A_v = \frac{v_o}{v_i} = \frac{(R_E \mathbin{/\mkern-5mu/} R_L)(1+\beta)i_b}{(r_\pi + (R_E \mathbin{/\mkern-5mu/} R_L)(1+\beta))i_b} = \frac{(R_E \mathbin{/\mkern-5mu/} R_L)(1+\beta)}{(r_\pi + (1+\beta)(R_E \mathbin{/\mkern-5mu/} R_L))} \tag{10-9}$$

當 $(1+\beta)(R_E \mathbin{/\mkern-5mu/} R_L) \gg r_\pi$ 時，

$$A_v \approx 1 \tag{10-10}$$

此時輸出電壓 v_o（射極端的電壓）緊跟著輸入電壓 v_i，因此這個單一電壓增益
(unity voltage gain)放大器又稱為射極隨耦器(emitter follower)或電壓隨耦器(voltage

follower)，所以共集極放大器是一種非常重要的電路，他常出現在小訊號或大訊號放大器的設計裡。

開路電壓增益(open-loop voltage gain)

$$A_{vo} = A_v \big|_{R_L = \infty} = \frac{R_E}{r_\pi + R_E} \tag{10-11}$$

電流增益(current gain)為

$$A_i = \frac{i_o}{i_i} = \frac{(\frac{R_E}{R_E + R_L})(1+\beta)i_b}{(\frac{r_\pi + (1+\beta)(R_E // R_L)}{R_B} + 1)i_b} = \frac{(\frac{R_E}{R_E + R_L})(1+\beta)}{(\frac{r_\pi + (1+\beta)(R_E // R_L)}{R_B} + 1)} \tag{10-12}$$

短路電流增益(short-circuit current gain)

$$A_{is} = A_i \big|_{R_L = 0} = \frac{1+\beta}{\frac{r_\pi}{R_B} + 1} \tag{10-13}$$

當 $R_B \gg r_\pi$ 時，

$$A_{is} \approx 1 + \beta \tag{10-14}$$

輸入電阻

$$R_{in} = \frac{v_i}{i_i} = R_B // [r_\pi + (1+\beta)(R_E // R_L)] \tag{10-15}$$

因此整體電壓增益(overall voltage gain)

$$G_v = \frac{v_o}{v_{sig}} = \frac{v_o}{v_i} \times \frac{v_i}{v_{sig}} = A_v \frac{R_{in}}{R_{sig} + R_{in}} \tag{10-16}$$

輸出電阻

$$R_{out} = \frac{v_x}{i_x} \big|_{v_{sig}=0} = R_E // \frac{r_\pi + (R_{sig} // R_B)}{1+\beta} \tag{10-17}$$

　　綜合整理：共集極放大器有低的電壓增益 A_v (約為 1 且略低於 1)，高的電流增益 A_i，非常高的輸入電阻 R_i，非常低的輸出電阻 R_o。共集極放大器的特徵是有高的輸入電阻 R_i 及非常低的輸出電阻 R_o 且電壓增益 A_v 約為 1。故適用於輸出級大電流驅動應用，適合推動馬達或喇叭等大負載(阻抗很低的負載)，故共集極放大器(或電壓隨耦器)是最常用的 A 類(Class A)輸出級放大器。

註 放大器的實際性能數值與電晶體參數值、偏壓方式、偏壓電阻和負載電阻等有關(且差異很大)。

三、實習步驟：

(一)實驗設備：

1. 電源供應器　　　×1
2. 訊號產生器(FG)　×1
3. 示波器　　　　　×1
4. 三用電表　　　　×1
5. 麵包板　　　　　×1

(二)實驗材料：

電阻	1kΩ×1, 2.2kΩ×1, 5.6kΩ×1
可變電阻	2MΩ×1
電解電容	10μF×2
電晶體	C9013×1(TO-92 包裝)npn transistor(接腳 bottom view 從左至右 EBC)

(三)實驗項目：

1. 共集極放大器(common collector amplifier)實驗，電路接線如圖 10-1，其中 $V_{CC} = 0V$ (即將 V_{CC} 端接地)、$V_{EE} = 15V$、$R_B = 2MΩ$(可變電阻)、$R_E = 5.6kΩ$、$R_L = 1kΩ$、$C_S = C_E = 10μF$，(設計 C9013 之偏壓電路，使得 $V_{CE} \approx \frac{1}{2}(V_{CC} + V_{EE}) = 7.5V$、$I_C \approx 1.3mA$)調整 R_B，使得 $I_E \approx 1.3mA$(因為 $I_C \approx I_E$)，做(直流偏壓)實驗完成下表：

註 本實驗使用負電源偏壓，要小心接線，以免接錯，並注意電解電容是有極性。

I_E	R_B	V_B	V_E	V_{CE}	I_C	$I_B = I_C / h_{FE}$
≈1.3mA						

註 上面實驗採用負電源偏壓，可改為正電源偏壓，可將接地(V_{CC}端及R_B的接地端)改為+15V，而−15V($-V_{EE}$端)改為接地。

再將訊號產生器的輸出 $v_S = v_i$ 調整為 $V_{pp} = 2\text{V}$ 之正弦波，定義輸入 v_i 的峰值為 V_{ip}，輸出 v_o 的峰值為 V_{op}，$A_v(\text{dB}) = 20\log(|V_{op} / V_{ip}|)$，分別設定訊號產生器之輸出頻率 $f = 100\text{Hz}$、330Hz、1kHz、3.3kHz、10kHz、33kHz、100kHz，利用示波器量測不同輸入訊號頻率對放大器電壓放大率之影響，計算各頻率條件下之增益值紀錄於下表中。

f(Hz)	100	330	1k	3.3k	10k	33k	100k
V_{op}							
V_{ip}							
V_{op} / V_{ip}							
A_v(dB)							

依上面實驗所得之數據，做 $A_v(\text{dB})$ 對 f 之頻率響應圖，繪於下圖(刻度單位可自訂)：

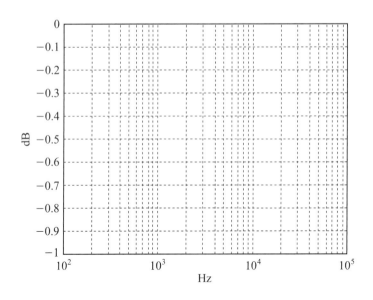

更換 $R_L = 2.2\text{k}\Omega$，做實驗完成下表，並與上面實驗值作比較。

$f(\text{Hz})$	100	330	1k	3.3k	10k	33k	100k
V_{op}							
V_{ip}							
V_{op}/V_{ip}							
$A_v(\text{dB})$							

依上面實驗所得之數據，做 $A_v(\text{dB})$ 對 f 之頻率響應圖，繪於下圖：

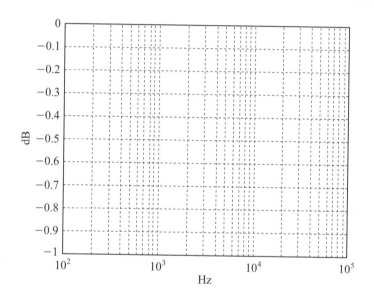

四、電路模擬：

如果沒有相同編號的零件，可用性質相近的零件取代。

共集極放大器，Pspice 模擬電路圖如下：

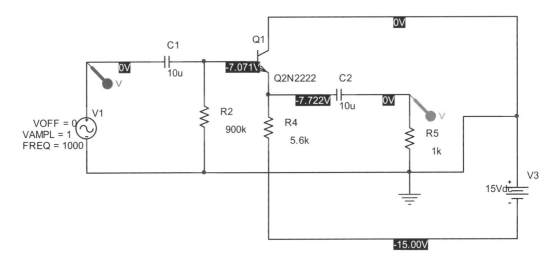

1. 共集極放大器，輸入、輸出模擬電壓波形如下：

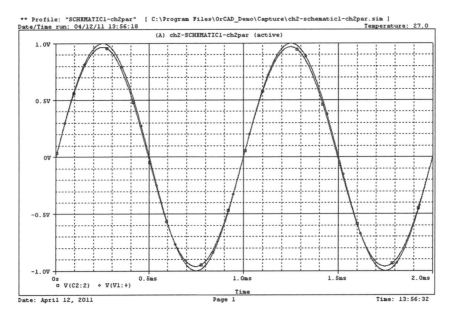

2. 共集極放大器，A_v 之頻率響應模擬圖如下：

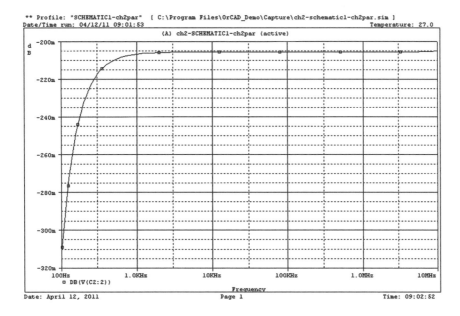

五、問題與討論：

1. 討論共集極放大器的特性。

2. 共集極放大器應用於何種電路呢？

BJT 共基極(Common Base)放大器實驗

一、實習目的：

了解共基極放大器(common base amplifier)的小訊號分析。

二、實習原理：

本次實習我們研究 BJT 放大器的第三種組態共基極放大器(common base amplifier)。讓 BJT 的基極端接地的放大器電路架構稱爲共基極(common base)或基極接地(grounded-base)放大器，我們研究共基極放大器的小訊號分析，如圖 11-1 所示。

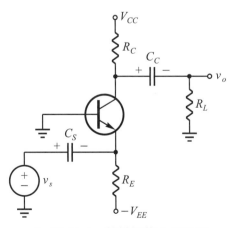

▲ 圖 11-1　共基極放大器電路

其中

1. C_C 和 C_S 為耦合電容(coupling capacitor)。

2. R_L 為負載電阻。

3. R_C 和 R_E 為偏壓電阻。

首先討論直流偏壓電路,對於直流而言,可將電容視為開路,而得圖 11-2 之電路。

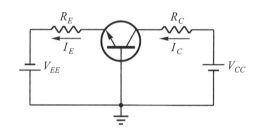

▲ 圖 11-2　共基極放大器直流分析電路

由於 $\beta \gg 1$,所以

$$I_E = \frac{V_{EE} - V_{BE}}{R_E} = \frac{V_{EE} - 0.7}{R_E} \approx I_C \tag{11-1}$$

註 V_{EE} 為一正值,因為圖 11-1 的負偏壓用($-V_{EE}$)表示,而 $V_{BE} \doteqdot 0.7\text{V}$。

$$V_C = V_{CC} - I_C R_C \approx V_{CC} - I_E R_C \tag{11-2}$$

$$V_E = V_B - V_{BE} \approx -0.7 (因為 V_B = 0\text{V}) \tag{11-3}$$

接著我們探討小訊號分析,將獨立電壓源短路(即令 $V_{CC} = 0$ 和 $V_{EE} = 0$),同時將耦合電容短路(對於交流訊號而言這些耦合電容的容抗(阻抗)很小可將其視為零(短路))。代入 BJT 電晶體之混合模型如圖 11-3 所示。

觀察圖 11-3 中之基極(base)為輸入和輸出之共點,故名為共基極放大器(common base)。

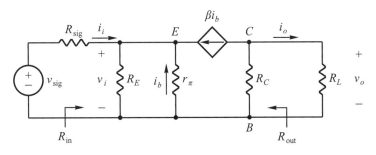

▲ 圖 11-3　共基極放大器小訊號 π 模型電路

$$v_o = -\beta i_b (R_C /\!/ R_L) \tag{11-4}$$

因為 $i_i + i_b + \beta i_b + i_b r_\pi / R_E = 0$，所以

$$i_i = -(1 + \beta + \frac{r_\pi}{R_E}) i_b \tag{11-5}$$

因為

$$v_i = -i_b r_\pi \tag{10-6}$$

所以電壓增益(voltage gain)

$$A_v = \frac{v_o}{v_i} = \frac{-\beta i_b (R_C /\!/ R_L)}{-i_b r_\pi} = \frac{\beta (R_C /\!/ R_L)}{r_\pi} \tag{11-7}$$

而開路電壓增益(open-loop voltage gain)

$$A_{vo} = A_v |_{R_L = \infty} = \frac{\beta R_C}{r_\pi} \tag{11-8}$$

電流增益(current gain)為

$$A_i = \frac{i_o}{i_i} = \frac{-\beta i_b (\dfrac{R_C}{R_C + R_L})}{-(1 + \beta + \dfrac{r_\pi}{R_E}) i_b} = \frac{\beta (\dfrac{R_C}{R_C + R_L})}{(1 + \beta + \dfrac{r_\pi}{R_E})} \tag{11-9}$$

短路電流增益(short-circuit current gain)為

$$A_{is} = A_i \mid_{R_L=0} = \frac{\beta}{(1+\beta+\frac{r_\pi}{R_E})} \tag{11-10}$$

若 $\beta >> (1+r_\pi/R_E)$，則電流增益

$$A_i \approx 1 \tag{11-11}$$

此為共基極放大器電路的一個非常有用的應用，稱單一電流增益放大器(unity current gain)或稱為電流緩衝器(current buffer)。

輸入電阻(input resistor)

$$R_{in} = \frac{v_i}{i_i} \approx (\frac{r_\pi}{[(\beta+1)+\frac{r_\pi}{R_E}]}) \tag{11-12}$$

因此整體電壓增益(overall voltage gain)

$$G_v = \frac{v_o}{v_{sig}} = \frac{v_o}{v_i} \times \frac{v_i}{v_{sig}} = A_v \frac{R_{in}}{R_{sig}+R_{in}} \tag{11-13}$$

輸出電阻(output resistor)

$$R_{out} = \frac{v_x}{i_x} \mid_{v_{sig}=0} \approx R_c \tag{11-14}$$

綜合整理：共基極放大器有低的電流增益 A_i (約為 1 且略低於 1)，高的電壓增益 A_v，低的輸入電阻 R_i，高的輸出電阻 R_o。共基極放大器的特徵是有非常低輸入電阻 R_i 及非常高的輸出電阻 R_o，所以使用上較困難 (於低頻放大電路較少被單獨使用，可串接於共射極放大器之後，以改善頻率響應)。但共基極放大器的頻率響應良好，故適用於高頻放大電路應用。

<u>註</u> 放大器的實際性能數值與電晶體參數值、偏壓方式、偏壓電阻和負載電阻等有關(且差異很大)。

　　在本章實驗原理與前兩章實驗原理中，已經介紹完 BJT 的三種組態；為了使讀者更容易的比較三種組態的電流增益、輸入電阻、電壓增益及輸出電阻的計算式，將其整理如表 11-1 所示：

▼ 表 11-1　三種組態的電流增益、輸入電阻、電壓增益及輸出電阻之參考計算式

	CE	CB	CC
A_i	$\dfrac{-\beta(R_1 /\!/ R_2)R_C}{(R_1 /\!/ R_2 + r_\pi)(R_C + R_L)}$	$\dfrac{\beta(\dfrac{R_C}{R_C + R_L})}{(1 + \beta + \dfrac{r_\pi}{R_E})}$	$\dfrac{(1+\beta)(\dfrac{R_E}{R_E + R_L})}{\dfrac{[r_\pi + (1+\beta)(R_E /\!/ R_L)}{R_B} + 1]}$
R_i	$R_1 /\!/ R_2 /\!/ r_\pi$	$\dfrac{(\dfrac{r_\pi}{[(\beta+1)+\dfrac{r_\pi}{R_E}]})}{}$	$R_B /\!/ [r_\pi + (1+\beta)(R_E /\!/ R_L)]$
A_v	$\dfrac{-\beta(R_C /\!/ R_L)}{r_\pi}$	$\dfrac{\beta(R_C /\!/ R_L)}{r_\pi}$	$\dfrac{(1+\beta)(R_E /\!/ R_L)}{[r_\pi + (1+\beta)(R_E /\!/ R_L)]}$
R_o	R_C	R_C	$R_E /\!/ \dfrac{r_\pi + (R_{\mathrm{sig}} /\!/ R_B)}{1+\beta}$

　　若將 BJT 的小訊號參數做下列假設：(β=100、r_π=1kΩ、R_C=4.7kΩ、R_E=5kΩ、R_B=50kΩ、R_1=330kΩ、R_2=47kΩ、R_L=1kΩ、R_{sig}=50Ω)，則可以將表 11-1 之公式，以數字型式表示，如表 11-2 以供參考：

🖊註) 放大器的實際性能數值與電晶體參數值、偏壓方式、偏壓電阻及負載電阻等有關(且差異很大)。

▼ 表 11-2　三種組態的電流增益、輸入電阻、電壓增益及輸出電阻之參考值

	CE	CB	CC
A_i	−80.5	0.815	31.13
R_i	976.27Ω	9.88Ω	31.5kΩ
A_v	−82.46	82.46	0.988
R_o	4.7kΩ	4.7kΩ	10.37Ω

三、實習步驟：

(一)實驗設備：

1. 電源供應器 　　×1
2. 訊號產生器(FG) 　×1
3. 示波器 　　　　×1
4. 三用電表 　　　×1
5. 麵包板 　　　　×1

(二)實驗材料：

電阻	1kΩ×1, 2.2kΩ×1, 2.4kΩ×1, 3.3kΩ×1
電解電容	10μF×2
電晶體	C9013×1(TO-92 包裝)npn transistor(接腳 bottom view 從左至右 EBC)

(三)實驗項目：

1. 共基極放大器(common base amplifier)實驗，電路接線如圖 11-1，其中 $V_{CC} = 10\text{V}$、$V_{EE} = 5\text{V}$、$R_C = 2.4\text{k}\Omega$、$R_E = 3.3\text{k}\Omega$、$R_L = 1\text{k}\Omega$、$C_S = C_C = 10\mu\text{F}$，(設計 C9013 之偏壓電路，使得 $V_{CE} \approx \frac{1}{2}(V_{CC} + V_{EE}) = 7.5\text{V}$、$I_C \approx 1.3\text{mA}$)，做(直流偏壓)實驗完成下表：

V_C	V_E	V_{CE}	I_E	I_C	$I_B = I_C / h_{FE}$

註 上面實驗採用正、負電源偏壓，想一想，如何改為僅用正電源偏壓或僅用負電源偏壓呢？

再將訊號產生器的輸出 $v_s = v_i$ 調整為 $V_{pp} = 40\text{mV} \sim 100\text{mV}$ 之正弦波，定義輸入 v_i 的峰值為 V_{ip}、輸出 v_o 的峰值為 V_{op}、$A_v(\text{dB}) = 20\log(|V_{op} / V_{ip}|)$，分別設定訊號產生器之輸出頻率 $f = 100\text{Hz}$、330Hz、1kHz、3.3kHz、10kHz、33kHz、100kHz，利用示波器量測不同輸入訊號頻率對放大器電壓放大率之影響，計算各頻率條件下之增益值紀錄於下表中。

f(Hz)	100	330	1k	3.3k	10k	33k	100k
V_{op}							
V_{ip}							
V_{op}/V_{ip}							
A_v(dB)							

依上面實驗所得之數據，做 A_v(dB)對 f 之頻率響應圖，繪於下圖：

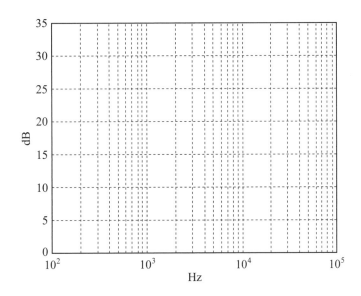

更換 $R_L = 2.2\text{k}\Omega$，做實驗完成下表，並與上面實驗值作比較。

f(Hz)	100	330	1k	3.3k	10k	33k	100k
V_{op}							
V_{ip}							
V_{op}/V_{ip}							
A_v(dB)							

依上面實驗所得之數據，做 A_v(dB)對 f 之頻率響應圖，繪於下圖：

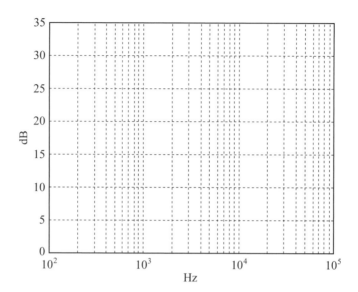

四、電路模擬：

如果沒有相同編號的零件，可用性質相近的零件取代。

(一)共基極放大器，Pspice 模擬電路圖如下：

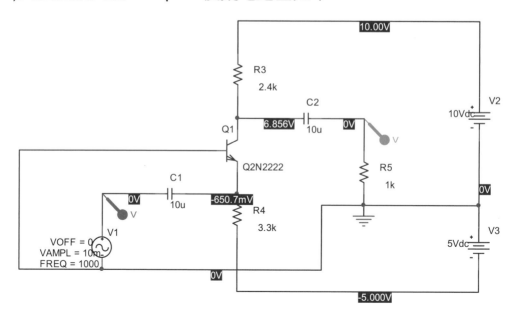

1. 共基極放大器，輸入、輸出模擬電壓波形如下：

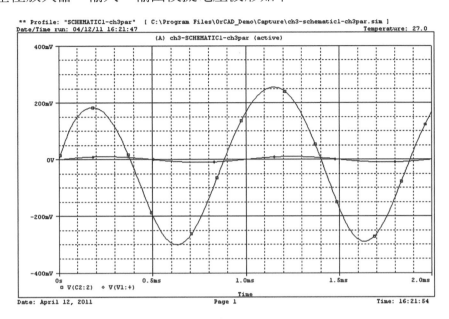

2. 共基極放大器，A_v 之頻率響應模擬圖如下：

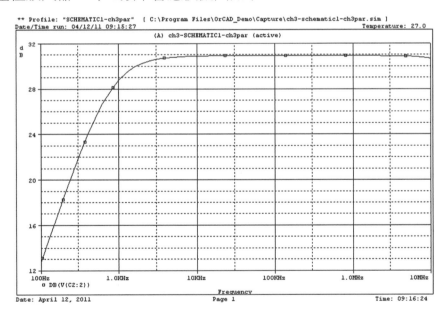

五、問題與討論：

1. 討論共基極放大器的特性。

2. 共基極放大器應用於何種電路呢？

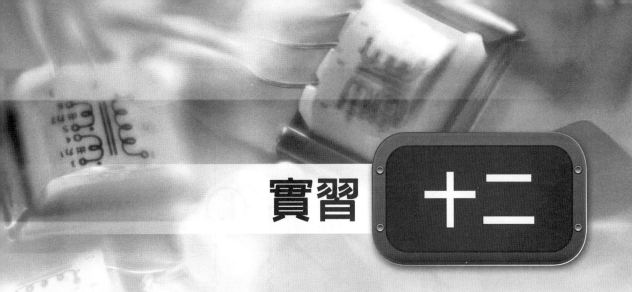

實習 **十二**

BJT 串級(Cascade)放大器實驗

一、實習目的：

了解 BJT 串級放大器(Cascade amplifier)的小訊號分析。

二、實習原理：

在前面的實習，我們已經對(BJT)電晶體放大器的三種組態做直流偏壓電路 (bias)與小訊號分析，故對共射極放大器(common emitter amplifier)，共基極放大器 (common base amplifier)及共集極放大器(common collector amplifier)已有了基本的 認識，單級放大器的放大倍數有限，在需要很大放大倍數的場合，我們需要將數 個單級放大器串接起來，以獲得較大的放大倍數或是特殊目的，在本次實驗要探 討的是 BJT 串級放大器的直流分析與小訊號分析，本實驗中以共射極放大器串接 共集極放大器為例，如圖 12-1 所示。

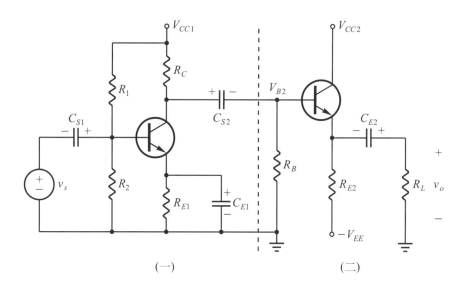

▲ 圖 12-1　BJT 串級放大器電路

對圖 12-1 之 BJT 串級放大器的直流分析，可將其區分為第一級共射極放大器與第二級共集極放大器兩個部分(*CE-CC*)。

註 串級放大器的耦合方式，包括 *RC* 耦合(*RC* coupling)及直接耦合(direct coupling)兩種，圖 12-1 之 BJT 串級放大器即為 *RC* 耦合串級放大器，*RC* 耦合串級放大器的優點是前、後級的直流偏壓電路可獨立設計，缺點是在兩級間的耦合電容(圖 12-1 中的 C_{S2})會影響低頻響應且前、後級間的輸出、輸入阻抗不易匹配，而直接耦合串級放大器的優點是低頻響應不受串接的影響，但缺點是前、後級的直流偏壓電路不可獨立設計(前、後級要一併考量)且穩定性較差(直流偏壓的操作點，易受其它因素的干擾)。

註 共射極放大器有很高的電壓增益，所以常用在輸入級；而共集極放大器有高的電流增益，非常高的輸入電阻及非常低的輸出電阻，故常用於輸出級，以供大電流驅動應用。

註 1. 另一種常見串級放大器為(*CE-CE*)，這種串級放大器有很高的電壓增益及電流增益。

2. (*CE-CB*)為另一種串級放大器，因共射極放大器有很高的電壓增益，但其頻率響應較其他種放大器為差，其電壓增益越大，頻率響應越差，所以常串接共基極放大器(因共基極放大器有較佳的頻率響應)，以改善總體頻率響應。

3. (*CC-CE*)串級放大器，因共集極放大器有良好的頻率響應，但其電壓增益很低，故串接共射極放大器，以提高總電壓增益。

4. 串級放大器(*CC-CC*)有很高的電流增益(又稱達靈頓電晶體(Darlington transistor)或達靈頓對(Darlington pair))。

5. 串級放大器(*CC-CB*)有良好的頻率響應及頻寬(bandwidth)。

註 串級放大器電路中，常有 npn 和 pnp 的 BJT 混合使用及 n-channel 和 p-channel 的 MOSFET 混合使用，也常見 MOSFET 與 BJT 混合使用。

在第一級共射極放大器的直流分析在第九實驗已經討論過；在第二級共集極放大器的直流分析在第十實驗已經討論過，在此就不再贅述了。接下來我們做小訊號分析，如圖 12-2 所示：

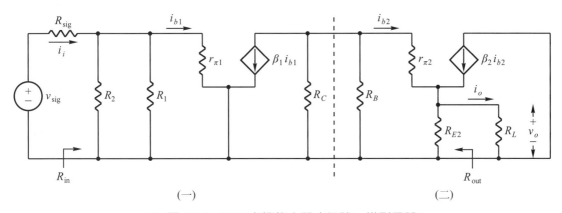

▲ 圖 12-2　BJT 串級放大器小訊號 π 模型電路

由圖 12-2 中知其電路分為第一級 *CE* 放大器與第二級 *CC* 放大器；在此我們將第一級 *CE* 放大器與第二級 *CC* 放大器分開分析，如圖 12-3(a)(b)所示：

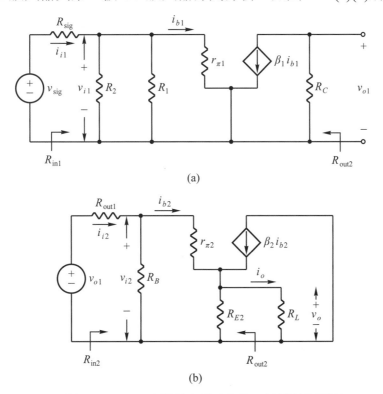

(a)

(b)

▲ 圖 12-3　BJT 串級放大器小訊號 π 模型分開電路

第一級 CE 放大器的開路電壓增益(open circuit voltage gain)

$$A_{vo1} = \frac{v_{o1}}{v_{i1}}\bigg|_{R_L \to \infty} = \frac{-\beta_1 R_C}{r_{\pi 1}} \tag{12-1}$$

第一級 CE 放大器的輸出電壓

$$v_{o1} = A_{vo1} \times v_{i1} = -\beta_1 i_{b1} R_C \tag{12-2}$$

第一級 CE 放大器的整體開路電壓增益(overall open circuit voltage gain)

$$G_{vo1} = \frac{R_{in1}}{R_{sig} + R_{in1}} A_{vo1} \tag{12-3}$$

第一級 CE 放大器的輸入電阻為

$$R_{in1} = \frac{v_{i1}}{i_{i1}} = R_1 \ // \ R_2 \ // \ r_{\pi 1} \tag{12-4}$$

第一級 CE 放大器的輸出電阻為

$$R_{out1} = \frac{v_x}{i_x} \approx R_C \tag{12-5}$$

第二級 CC 放大器的電壓增益(voltage gain)，參考(10-9)式可求得

$$A_{v2} = \frac{v_o}{v_{i2}} = \frac{(R_{E2} \ // \ R_L)(1+\beta_2)}{(r_{\pi 2} + (1+\beta_2)(R_{E2} \ // \ R_L))} \tag{12-6}$$

第二級 CC 放大器的輸出電壓

$$v_o = i_o R_L = (R_{E2} \ // \ R_L)(1+\beta)i_{b2} = A_{v2} v_{i2} \tag{12-7}$$

第二級 CC 放大器的輸入電阻為

$$R_{in2} = \frac{v_{i2}}{i_{i2}} = R_B \ // (r_{\pi 2} + (1+\beta_2)(R_{E2} \ // \ R_L)) \tag{12-8}$$

第二級 CC 放大器的輸出電阻為

$$R_{out2} = \frac{v_x}{i_x} \approx \frac{(R_C \ // \ R_B + r_{\pi 2})}{(1+\beta_2)} \ // \ R_{E2} \tag{12-9}$$

第二級 *CC* 放大器的輸入電壓為

$$v_{i2} = \frac{R_{in2}}{R_{out1} + R_{in2}} v_{o1} = \frac{R_{in2}}{R_C + R_{in2}} A_{v1} v_{i1} \tag{12-10}$$

第二級 *CC* 放大器的整體電壓增益(overall voltage gain)

$$G_{v2} = \frac{v_o}{v_{o1}} = A_{v2} \frac{R_{in2}}{R_{out1} + R_{in2}} \tag{12-11}$$

故其串級放大器(cascade amplifier)的整體電壓增益(overall cascade voltage gain)為

$$G_v = \frac{v_o}{v_{sig}} = (\frac{v_o}{v_{i2}})(\frac{v_{i2}}{v_{o1}})(\frac{v_{o1}}{v_{i1}})(\frac{v_{i1}}{v_{sig}}) = (A_{v2})(\frac{R_{in2}}{R_{out1} + R_{in2}})(A_{vo1})(\frac{R_{in1}}{R_{sig} + R_{in1}})$$

$$= G_{v2} \times G_{vo1} \tag{12-12}$$

串級放大器的總電流增益並不能由各級的電流增益直接相乘而得，我們在求解串級放大器的電流增益(current gain)時，由於電路較為煩雜，故將圖 12-2 改畫成圖 12-4(a)所示；並且將圖 12-4(a)的訊號源處，轉化為等效的諾頓電路，如圖 12-4(b)所示(參考 Millman/Grabel 所著 "Microelectronics"，原文第二版，page 432)。

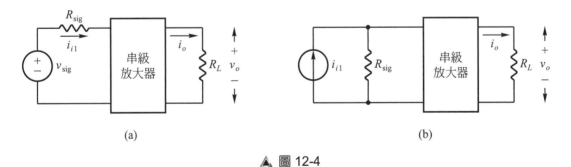

(a)   (b)

▲ 圖 12-4

所以串級放大器的整體電流增益(overall cascade current gain)，可由下式所示。

$$A_i = \frac{i_o}{i_{i1}} = \frac{\dfrac{v_o}{R_L}}{\dfrac{v_{sig}}{R_{sig}}} = \frac{R_{sig}}{R_L} G_v \tag{12-13}$$

串級放大器的輸入電阻為第一級 *CE* 放大器的輸入電阻(input resistor)

$$R_{in} = R_{in1} = R_1 \mathbin{/\mkern-5mu/} R_2 \mathbin{/\mkern-5mu/} r_{\pi 1} \tag{12-14}$$

串級放大器的輸出電阻為第二級 *CC* 放大器的輸出電阻(output resistor)

$$R_{out} = R_{out2} = \frac{(R_C \mathbin{/\mkern-5mu/} R_B + r_{\pi 2})}{(1 + \beta_2)} \mathbin{/\mkern-5mu/} R_{E2} \tag{12-15}$$

三、實習步驟：

(一)實驗設備：

1. 電源供應器　　×1
2. 訊號產生器(FG)　×1
3. 示波器　　　　×1
4. 三用電表　　　×1
5. 麵包板　　　　×1

(二)實驗材料：

電阻	1kΩ×1, 5.6kΩ×1, 4.7kΩ×2, 330kΩ×1
可變電阻	100kΩ×1, 2MΩ×1
電解電容	10μF×3, 47μF×1
電晶體	C9013×2(TO-92 包裝)npn transistor(接腳 bottom view 從左至右 EBC)

(三)實驗項目：

1. 電路接線如圖 12-1，第一級為共射極放大器與第二級為共集極放大器兩個部分(*CE-CC*)，其中第一級的 $V_{CC1} = 15\text{V}$ 、 $R_1 = 330\text{k}\Omega$ 、 $R_2 = 100\text{k}\Omega$ (可變電阻)、 $R_C = 4.7\text{k}\Omega$ 、 $R_{E1} = 1\text{k}\Omega$ ；第二級的 $V_{CC2} = 0\text{V}$ (即將 V_{CC2} 端接地)、 $V_{EE2} = 15\text{V}$ 、 $R_B = 2\text{M}\Omega$ (可變電阻)、 $R_{E2} = 5.6\text{k}\Omega$ 、 $R_L = 4.7\text{k}\Omega$ 、 $C_{E1} = 47\mu\text{F}$ 其餘所有電容

均為 10μF，在第一級中調整 R_2，使得 $I_{C1} \approx 1.3\text{mA}$；在第二級中調整 R_B，使得 $I_{E2} \approx 1.3\text{mA}$ (因為 $I_{C2} \approx I_{E2}$)，並做(直流偏壓)實驗完成下表：

第一級中，當 R_2=_____kΩ 時，$I_{C1} \approx 1.3\text{mA}$，

V_{B1}	V_{C1}	V_{E1}	V_{CE1}	I_{E1}	I_{C1}	$I_{E1} = I_{C1} / h_{FE1}$

第二級中，當 R_B=_____kΩ 時，$I_{E2} \approx 1.3\text{mA}$，

V_{B2}	V_{C2}	V_{E2}	V_{CE2}	I_{E2}	I_{C2}	$I_{B2} = I_{E2} / I_{C2} + h_{FE2})$

註 上面串級放大器實驗中，第二級採用負電源偏壓，想一想，如何可改為正電源偏壓(僅利用+15V 來做偏壓)呢？

　　再將訊號產生器的輸出 $v_S = v_i$ 調整為 $V_{pp} = 20\text{mV} \sim 60\text{mV}$ 之正弦波，定義輸入 v_i 的峰值為 V_{ip}、輸出 v_o 的峰值為 V_{op}、$A_v(\text{dB}) = 20\log(|V_{op} / V_{ip}|)$，分別設定訊號產生器之輸出頻率 f =100Hz、330Hz、1kHz、3.3kHz、10kHz、33kHz、100kHz，利用示波器量測不同輸入訊號頻率對放大器電壓放大率之影響，計算各頻率條件下之增益值紀錄於下表中。

註 **可視實際狀況增減輸入訊號的振幅**，因串級放大器的整體電壓總增益，有些情況下可能很大，要視實際狀況降低輸入訊號的振幅，以避免輸出飽和。

f(Hz)	100	330	1k	3.3k	10k	33k	100k
V_{op}							
V_{ip}							
V_{op} / V_{ip}							
$A_v(\text{dB})$							

依上面實驗所得之數據，做 A_v(dB)對 f 之頻率響應圖，繪於下圖：

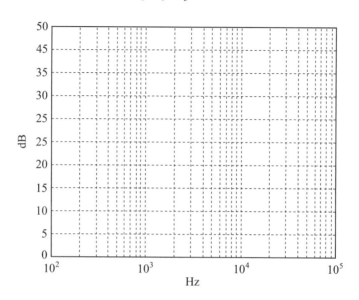

四、電路模擬：

如果沒有相同編號的零件，可用性質相近的零件取代。

串級放大器，Pspice 模擬電路圖如下：

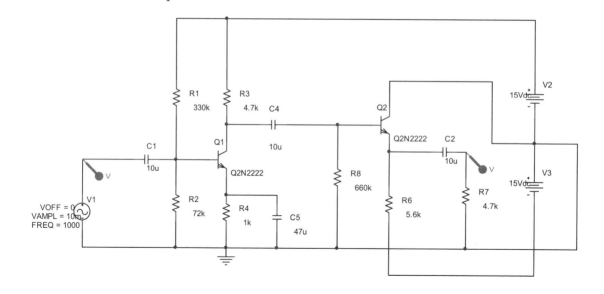

1. 串級放大器，輸入、輸出模擬電壓波形如下：

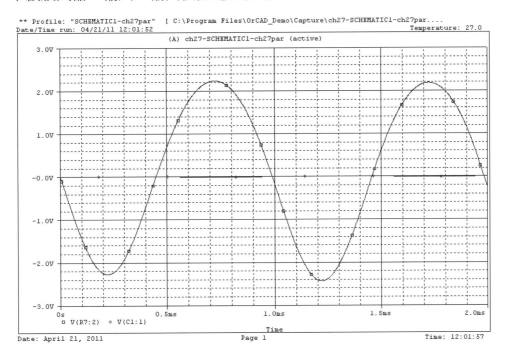

2. 串級放大器，A_v 之頻率響應模擬圖如下：

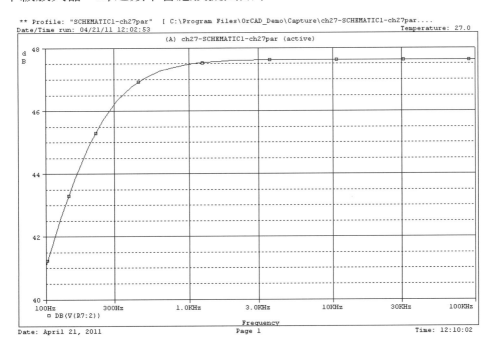

五、問題與討論：

1. 常用的串級放大器組合有哪些？
2. 討論串級放大器的耦合方式及其優缺點。
3. 例舉一直接耦合(direct coupling)串級放大器電路。
4. 通常串級放大器電路應用於何種場合呢？
5. 串級放大器電路的串級數有限制嗎？

實習 十三

金氧半場效電晶體(MOSFFT)之特性實驗

一、實習目的：

了解金氧半場效電晶體(Metal-Oxide-Semiconductor-Field-Effect-Transistor，MOSFET)直流偏壓電路與特性。

二、實習原理：

有兩種基本電晶體，一為雙極性(或稱雙載子)接面電晶體(BJT)，另一種為金氧半場效電晶體(MOSFET)[或稱 Unipolar Transistor：(單極性(或單載子)電晶體)]。MOSFET 有高的輸入阻抗(high input resistance)，因此對於雜訊(noise)有較佳的免疫能力，增強型(enhancement) MOSFET 是應用最廣的 MOSFET。與 BJT 比較，MOSFET 可以被做得很小，所以 MOSFET 被廣泛地應用在矽晶片上的積體電路(ICs)設計。

註 BJT 的電流由多數載子(majority carriers)與少數載子(minority carriers)共同組成，故稱雙載子電晶體，而 MOSFET 的電流僅由多數載子(majority carriers)構成，故稱單載子電晶體。

1. MOSFET 的種類與特性：MOSFET 又可分成 N 通道(N-channel)或簡稱為 NMOS 及 P 通道(P-channel)或簡稱為 PMOS 兩種形式，如圖 13-1 所示：

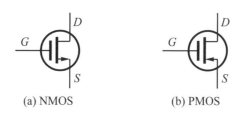

(a) NMOS   (b) PMOS

▲ 圖 13-1

其中 D 為汲極(drain)，G 為閘極(gate)，S 為源極(source)。

MOSFET 為電壓控制型電晶體(而 BJT 為電流控制型電晶體)，故可利用電壓將 MOSFET 導通或關閉，以下說明如何加一順偏電壓至 G、S 端，可將 NMOS 導通，如圖 13-2(a)所示；而加一反偏電壓至 G、S 端，可將 NMOS 關閉，如圖 13-3(a)所示。在本次實驗中的偏壓電源是使用三用電表所提供的，先將三用電表旋轉至歐姆檔，在三用電表中的紅色測試棒為三用電表內部電池的負端；而三用電表中的黑色測試棒為三用電表內部電池的正端。

如圖 13-2(a)所示，只需同時碰觸 MOSFET 的 G 端(紅色測試棒)與 S 端(黑色測試棒)一下(只需很短的時間即可將測試棒拿開)，則可將此 NMOS 導通，同樣地可使用歐姆檔來量測 D 端與 S 端的導通情形，如圖 13-2(b)所示，此時指針會偏移(即導通)。

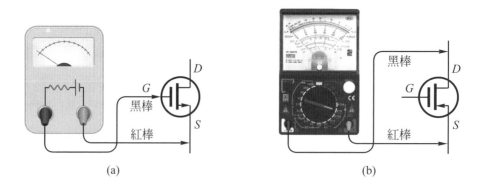

(a)   (b)

▲ 圖 13-2

如欲將 NMOS 關閉，可將測試棒如圖 13-3(a)的方式碰觸 MOSFET 一下，即可將其關閉，我們可觀察 D 端與 S 端的關閉情形，如圖 13-2(b)所示，此時指針不會偏移(即不導通)。

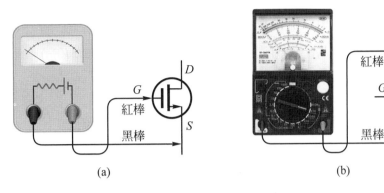

(a)   (b)

▲ 圖 13-3

2. MOSFET 放大器的直流偏壓電路:MOSFET 電晶體放大器操作於飽和區 (saturation region)才能提供電晶體有近似線性的放大特性,如何選取適當的直流偏壓(DC bias point)點(或操作點(operating point))以獲得最大的輸出訊號的振幅(amplitude)是偏壓設計的重要考量,即盡量將操作點設計於飽和區的中心點,本實習提供幾種常用 MOSFET 電晶體之偏壓電路。

註 MOSFET 電晶體基本上有兩種功能,其一做放大器(amplifier)使用,操作於飽和區(saturation region),MOSFET 電晶體放大器操作於飽和區(saturation region)[或稱為夾止區(pinch-off region)]才能有近似線性的放大特性;另一種做切換開關(switch)使用,操作於三極管區(triode region)[或稱為歐姆區(Ohmic region)或稱為未飽和區(unsaturation region)]和截止區(cutoff region)之間切換。

(1) 以固定的 V_G 及連接源極的電阻來做偏壓如圖 13-4 所示:

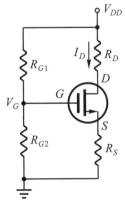

▲ 圖 13-4 固定的 V_G 及連接源極的電阻來做偏壓

此典型偏壓電路的簡單設計法則爲選擇 R_D 與 R_S，使得在 R_D、V_{DS} 與 R_S 上的電壓各爲 V_{DD} 的 1/3(即 $I_D R_D = 1/3 V_{DD}$，$V_{DS} = 1/3 V_{DD}$，$I_D R_S = 1/3 V_{DD}$)。

註 還有其它法則，可供設計偏壓電路。

因爲 $I_G = 0$，所以若選定一偏壓電流 I_D，則 R_D 與 R_S 可計算如下式：

$$R_D = \frac{V_{DD} - V_D}{I_D} = \frac{V_{DD} - \frac{2}{3} V_{DD}}{I_D} = \frac{1}{3} \frac{V_{DD}}{I_D} \tag{13-1}$$

$$R_S = \frac{V_s}{I_D} = \frac{1}{3} \frac{V_{DD}}{I_D} \tag{13-2}$$

由(13-1)及(13-2)式可知 $R_D = R_S$。

所需的 V_{GS} 值可藉計算過驅動電壓 V_{ov} (overdrive voltage)求得如下：

$$I_D = \frac{1}{2} K_n^{'} (W/L) V_{ov}^2 \tag{13-3}$$

$$V_{GS} = V_t + V_{ov} \tag{13-4}$$

其中 V_t 爲臨界電壓(threshold voltage)。

所以 $V_G = V_S + V_{GS}$，我們可選擇 R_{G1} 與 R_{G2} 使下式成立：

$$V_G = \frac{R_{G2}}{R_{G1} + R_{G2}} V_{DD} \tag{13-5}$$

(2) 雙電源偏壓電路：

若使用雙電源偏壓的實際電路，如圖 13-5 所示：

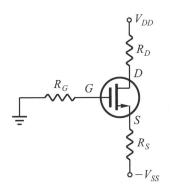

▲ 圖 13-5 雙電源偏壓電路

圖 13-5 的直流電壓方程式，如(13-6)式與(13-7)式所示：

$$V_{GS} = V_{SS} - I_D R_S \tag{13-6}$$

$$I_D = \frac{V_{DD} + V_{SS} - V_{DS}}{R_D + R_S} \tag{13-7}$$

(3) 另一種偏壓為使用汲極至閘極迴授電阻做偏壓電路，如圖 13-6 所示：

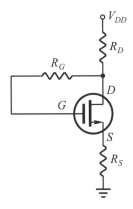

▲ 圖 13-6 汲極至閘極迴授電阻做偏壓電路

圖 13-6 的直流電壓方程式，如(13-8)式所示：

$$V_{GS} = V_{DS} = V_{DD} - I_D(R_D + R_S) \tag{13-8}$$

(4) 使用定電流源的偏壓電路：

使用定電流源的偏壓電路，如圖 13-7 所示。

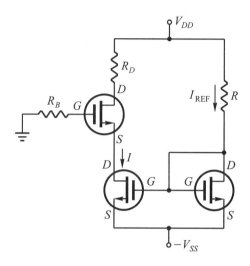

▲ 圖 13-7 定電流源的偏壓電路

此偏壓電路分析如下：如圖 13-7 所示，MOSFET 可以用定電流源 I 來偏壓(此定電流源電路就是所謂的電流鏡(current mirror))，這偏壓電路的優點是偏壓電流 I 與電晶體參數和偏壓電阻值無關。此種偏壓電路常用於 IC(積體電路)電路中。偏壓電流 I 如(13-9)式所示：

$$I = I_{REF} = \frac{V_{DD} + V_{SS} - V_{GS}}{R} \tag{13-9}$$

✎ 註 MOSFET 的輸出電流 I_D 由電壓 V_{GS} 控制，因此 MOSFET 被稱為電壓控制-電流源(voltage-controlled current source)元件；而 BJT 的輸出電流 I_C 由輸入電流 I_B 控制，因此 BJT 被稱為電流控制-電流源(current-controlled current source)元件。

▼ 表 13-1　MOSFET 與 BJT 的比較

	MOSFET	BJT
控制方式	電壓控制(較不容易產生熱) →MOSFET 較不耗電	電流控制(容易產生熱) →BJT 較耗電
切換頻率	MHz	kHz
電晶體類型	單載子電晶體	雙載子電晶體
輸入阻抗	高→雜訊免疫力高	較低→雜訊免疫力較低
詳細分類	空泛型 MOSFET→N/P 通道 增強型 MOSFET→N/P 通道	2SA：高頻 PNP 型 2SB：低頻 PNP 型 2SC：高頻 NPN 型 2SD：低頻 NPN 型
製造密度	高→同功率規格下 MOSFET 體積 較小且較便宜	低(因考慮散熱)
抵補電壓	無(良好的截波器) 理想電子開關	0.7V 的切入電壓
熱穩定	佳(沒有少數載子) 負溫度係數→沒有熱跑脫現象→ 若適當處理 MOSFET 較不易燒毀	差(有少數載子熱電流) 正溫度係數→有熱跑脫現象 →BJT 較易燒毀
頻寬(BW)	較 BJT 窄→增益頻寬乘積低	較寬→增益頻寬乘積較高
極際電容	較大(高頻響應不佳)	低(高頻響應較佳)
靜電破壞	MOSFET 易受靜電破壞	BJT 不易受靜電破壞

三、實習步驟：

(一)實驗設備：

1. 電源供應器　　　×1
2. 訊號產生器(FG)　×1
3. 示波器　　　　　×1
4. 三用電表　　　　×1
5. 麵包板　　　　　×1

(二)實驗材料：

電阻	470Ω×1, 1kΩ×1, 680kΩ×1, 820kΩ×1, 1MΩ×1
可變電阻	2kΩ×1, 1MΩ×1
電晶體	BS170×1(TO-92 包裝)N-channel enhancement MOSFET(接腳 bottom view 從左至右 DGS)

註 BS 170 與 2N 7000 N-channel enhancement MOSFET 的特性幾乎相同，可彼此替換。

(三)實驗項目：

1. 以固定的 V_G 及連接源極的電阻來做偏壓實驗，電路接線如圖 13-4，若 $V_{DD}=15\text{V}$、$K'_n(W/L)=120\text{mA/V}^2$、$V_t = 1.8\text{V}$ 選定偏壓電流 $I_D \approx 5\text{mA}$，則 R_D 與 R_S 可計算如下式：

$$R_D = \frac{1}{3}\frac{V_{DD}}{I_D} = 1\text{k}\Omega$$

$$R_S = R_D = 1\text{k}\Omega$$

所需的 V_{GS} 值可藉計算過驅動電壓 V_{ov} (overdrive voltage)求得如下：

$$I_D = \frac{1}{2}K'_n(W/L)V_{ov}^2$$

$$\Rightarrow V_{ov} = \sqrt{1/12}$$

$V_{GS} = V_t + V_{ov} = 2.08\text{V} \approx 2\text{V}$ (此 V_{GS} 為估算值，真正的 V_{GS} 值要從實驗中量測)

所以 $V_G = V_S + V_{GS} = 5\text{V} + 2\text{V} = 7\text{V}$，我們可選擇 R_{G1} 與 R_{G2} 使下式成立：

$$V_G = 7 = \frac{R_{G2}}{R_{G1}+R_{G2}} \times V_{DD} = \frac{R_{G2}}{R_{G1}+R_{G2}} \times 15$$

選 $R_{G2} = 700\text{k}\Omega$ (用 680kΩ 替代)，則可計算得 $R_{G1} = 800\text{k}\Omega$ (用 820kΩ 替代)。

若採用 $R_S = 2\text{k}\Omega$ 之可變電阻、$R_D = 1\text{k}\Omega$、$R_{G1} = 820\text{k}\Omega$、$R_{G2} = 680\text{k}\Omega$，做實驗完成下表：

R_S	V_D	V_G	V_S	I_D	V_{DS}	V_{GS}
470Ω						
1kΩ						
1.5kΩ						

2. 對於上面的偏壓實驗，我們可選定偏壓電流 $I_D \approx 5\text{mA}$ 且設計 $V_{DS} \approx \frac{1}{2}V_{DD} = 7.5\text{V}$，則 R_D 與 R_S 可計算如下：若選 $R_S = 470\Omega$、$I_D \approx 5\text{mA}$，則 $V_S = 2.35\text{V}$。因設計 $V_{DS} \approx \frac{1}{2}V_{DD} = 7.5\text{V}$，所以 $V_D = 9.85\text{V}$，則 R_D 可計算如下：

$$R_D = \frac{V_{DD} - V_D}{5\text{mA}} = \frac{15 - 9.85}{5\text{mA}} = 1.03\text{k}\Omega，故選 R_D = 1\text{k}\Omega。$$

由上面實驗知 $V_{GS} = V_t + V_{ov} \approx 2\text{V}$，所以 $V_G = V_S + V_{GS} = 2.35\text{V} + 2\text{V} = 4.35\text{V}$，我們可選擇 R_{G1} 與 R_{G2}、使下式成立：

$$4.35 = \frac{R_{G2}}{R_{G1} + R_{G2}} \times 15$$

選 $R_{G1} = 1\text{M}\Omega$，則可計算得 $R_{G2} = 408\text{k}\Omega$。

若採用 $R_{G2} = 1\text{M}\Omega$ 之可變電阻、$R_D = 1\text{k}\Omega$、$R_S = 470\Omega$、$R_{G1} = 1\text{M}\Omega$，做實驗完成下表：

R_{G2}	V_D	V_G	V_S	I_D	V_{DS}	V_{GS}
400kΩ						
500kΩ						
600kΩ						

四、問題與討論：

1. 在上面以固定的 V_G 及連接源極的電阻來做偏壓的實驗中，比較實驗值及理論值。
2. 比較兩種基本電晶體(接面電晶體(BJT)及金氧半場效電晶體(MOSFET))的偏壓電路。
3. 比較兩種基本電晶體(接面電晶體(BJT)及金氧半場效電晶體(MOSFET))的特性及應用場合。
4. 目前 BJT 或 MOSFET 較常被使用?
5. 上網路找 BS 170 N-channel enhancement MOSFET 的 data sheet，參考這個 MOSFET 的規格。

MOSFET 之共源極(Common Source)放大器實驗

一、實習目的：

了解共源極放大器(common source amplifier)的小訊號分析。

二、實習原理：

在前面的實習，我們已經對(MOSFET)金氧半場效電晶體放大器的直流偏壓電路(bias)有了基本的認識。接下來我們來研究金氧半場效電晶體放大器的小訊號(small signal)分析，對於 MOSFET 電晶體的小訊號分析，共可分為三種組態，分別為共源極放大器(common source amplifier)，共閘極放大器(common gate amplifier)及共汲極放大器(common drain amplifier)，我們會在以後的實習中分別研究這三種基本的放大器組態。

註 共源極放大器(common source amplifier)相當於 BJT 的共射極放大器(common emitter amplifier)；共閘極放大器(common gate amplifier)相當於 BJT 的共基極放大器(common base amplifier)；共汲極放大器(common drain amplifier)相當於 BJT 的共集極放大器(common collector amplifier)。

首先我們研究共源極放大器的小訊號分析，如圖 14-1 所示，此放大器電路為自給偏壓(self-bias)式的共源極放大器電路。

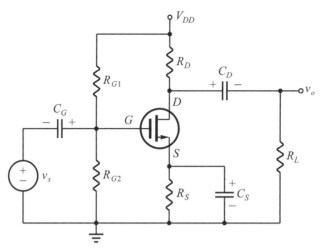

▲ 圖 14-1 共源極放大器電路

其中：

1. C_G 與 C_D 為耦合電容(coupling capacitor)可隔絕直流偏壓，並且讓小訊號通過，耦合電容通常在幾 μF 到十幾 μF 之間。

2. C_S 稱為旁路電容(bypass capacitor)，這個旁路電容可將 R_S 的效應旁路(bypass)掉(針對小信號而言)，以提高共射極放大器的電壓增益(voltage gain)及電流增益(current gain)，通常旁路電容 C_S 約在幾 μF 到幾十 μF 之間。

3. v_s 為訊號產生器輸入給 MOSFET 的訊號，這個訊號等效成一個 v_{sig} (訊號源開路電壓)串聯一個電阻 R_{sig} (訊號源內阻)，R_{sig} 只跟整體電壓增益 $G_v = v_o/v_{\text{sig}}$ 有關。

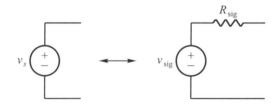

4. R_L 為負載(load)電阻。

5. R_{G1}、R_{G2}、R_S 及 R_D 為自給偏壓電阻，其中 R_S 在這放大器電路中提供一個負迴授(negative feedback)機制，以改善直流偏壓的穩定性，因此又被稱為的源極回穩電阻(source degeneration resistance)。

　　首先，我們先做直流偏壓分析，對於直流而言，可將電容視為開路，則圖 14-1 的直流偏壓電路等效於圖 14-2：

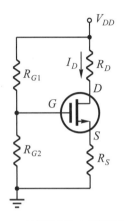

▲ 圖 14-2　共源極放大器直流分析電路

　　利用前面實習的結果可知，若在 $I_D R_D = 1/3 V_{DD}$ 與 $I_S R_S = 1/3 V_{DD}$ 及 $V_{DS} = 1/3 V_{DD}$ 的情形下(或由其它的方式適當地偏壓)：

$$R_D = R_S = \frac{V_{DD}}{3 I_D} \tag{14-1}$$

$$I_D = \frac{1}{2} K_n' (\frac{W}{L}) V_{ov}^2 \tag{14-2}$$

$$V_G = \frac{R_{G2}}{R_{G1} + R_{G2}} V_{DD} \tag{14-3}$$

　　接下來，我們研究小訊號分析，先將直流偏壓去除(即將獨立的直流電壓源短路，將獨立的直流電流源斷路)；同時將耦合電容(C_D 與 C_G)及旁路電容(C_S)短路(對於交流訊號而言這些耦合電容(C_D 與 C_G)及旁路電容(C_S)的容抗(阻抗)很小可將其視為零(短路))，並代入 MOSFET 電晶體的小訊號模型，如圖 14-3 所示：

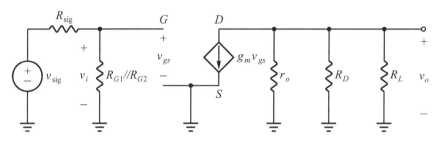

▲ 圖 14-3　共源極放大器小訊號模型電路(含 r_o)

　　圖 14-3 中，源極(source)為輸入 v_{sig} (負端)與輸出 v_o (負端)之共同接地點，故此放大器名稱為共源極放大器(common source amplifier)。在圖 14-3 中的共源極放大器，在大多數情況下 $R_{G1} \mathbin{/\mkern-5mu/} R_{G2} >> R_{sig}$，所以小訊號分析如下：

$$v_o = -g_m v_{gs}(r_o \mathbin{/\mkern-5mu/} R_D \mathbin{/\mkern-5mu/} R_L) \tag{14-4}$$

$$v_i \approx v_{sig} \tag{14-5}$$

$$v_i = v_{gs} \tag{14-6}$$

由(14-4)式和(14-5)與(14-6)式，可得電壓增益(voltage gain)

$$A_v = \frac{v_o}{v_i} = -g_m(r_o \mathbin{/\mkern-5mu/} R_D \mathbin{/\mkern-5mu/} R_L) \tag{14-7}$$

(註) $g_m = K_n^{'}(W/L) * (V_{GS} - V_t)$，假設 $K_n^{'}(W/L) = 120\text{mA/V}^2$，$V_t = 1.8V$，$V_{GS} = 2.08\text{V}$，則 $g_m \approx 33.6$ (mA/V)。]

　　當 $R_L = \infty$ 時，共源極放大器的開路電壓增益(open-loop voltage gain)

$$A_{vo} = A_v\big|_{R_L=\infty} = -g_m(r_o \mathbin{/\mkern-5mu/} R_D) \tag{14-8}$$

(註) 從(14-7)式可知 v_o 與 v_i 恰好為反相(即差一個負號或有 180° 的相位差)。

　　輸入電阻(input resistor)

$$R_{in} = \frac{v_i}{i_i} = R_{G1} \mathbin{/\mkern-5mu/} R_{G2} \tag{14-9}$$

因此整體電壓增益(overall voltage gain)

$$G_v = \frac{v_o}{v_{sig}} = \frac{v_o}{v_i} \times \frac{v_i}{v_{sig}} = A_v \frac{R_{in}}{R_{sig} + R_{in}}$$ (14-10)

輸出電阻(output resistor)

$$R_{out} = \frac{v_x}{i_x}\big|_{v_{sig}=0} \approx R_D \; // \; r_o$$ (14-11)

　　綜合整理：共源極放大器有中等的電壓增益 A_v，非常高的輸入電阻 R_i，高的輸出電阻 R_o。共源極放大器的特徵是有高的電壓增益。故為最常被使用的放大器組態。但輸入與輸出為反相且閘極與汲極間的電容所導致的密勒效應(Miller effect)使得其頻率特性較其他種放大器差，電壓增益 A_v 越大其頻率響應越差，其高頻截止頻率(cut off frequency)為 $1/A_v$。

註 一般而言，MOSFET 的電壓增益小於 BJT 的電壓增益。

註 一般而言，MOSFET 的輸入電阻高於 BJT 的輸入電阻。

註 放大器的實際性能數值與電晶體參數值、偏壓方式、偏壓電阻和負載電阻等有關(且差異很大)。

三、實驗步驟：

(一)實驗設備：

1. 電源供應器　　　×1
2. 訊號產生器(FG)　×1
3. 示波器　　　　　×1
4. 三用電表　　　　×1
5. 麵包板　　　　　×1

(二)實驗材料：

電阻	470Ω×1, 1kΩ×1, 4.7kΩ×1, 6.8kΩ×1, 1MΩ×1
可變電阻	1MΩ×1
電解電容	10μF×2, 47μF×1
電晶體	BS170×1(TO-92 包裝)N-channel enhancement MOSFET(接腳 bottom view 從左至右 DGS)

(三)實驗項目：

1. 共源極放大器實驗，電路接線如圖 14-1，其中 $V_{DD}=15V$ 、 $R_D=1k\Omega$ 、 $R_S=470\Omega$、$R_{G1}=1M\Omega$、$R_{G2}=1M\Omega$(可變電阻)、$C_G=C_D=10\mu F$、$C_S=47\mu F$ 、 $R_L=4.7k\Omega$，(設計 BS 170 之偏壓電流 $I_D \approx 5mA$、$V_{DS} \approx \frac{1}{2}V_{DD}=7.5V$)調整 R_{G2}、使得 $I_D \approx 5mA$、$V_{DS} \approx 7.5V$，做(直流偏壓)實驗完成下表：

當 R_{G2}=_____kΩ 時，$I_D \approx 5mA$，

V_D	V_G	V_S	I_D	V_{DS}	V_{GS}
			≈5mA		

再將訊號產生器的輸出 $v_s=v_i$ 調整為 V_{pp} =40mV～100mV 之正弦波。定義輸入 v_i 的峰值為 V_{ip}，輸出 v_o 的峰值為 V_{op}，A_v(dB)= 20log($|V_{op}/V_{ip}|$)，分別設定訊號產生器之輸出頻率 f =100Hz、330Hz、1kHz、3.3kHz、10kHz、33kHz、100kHz，利用示波器量測不同輸入訊號頻率對放大器電壓放大率之影響，計算各頻率條件下之增益值紀錄於下表中。

註 可視實際狀況增減輸入訊號的振幅，若因輸入訊號 v_i 很小，而導致訊號產生器的輸出很難調整，可調整訊號產生器的輸出(例如：V_{pp} = 1V)，再按下訊號產生器的-20dB 鍵(訊號衰減 10 倍)，即可得到 V_{pp} = 100mV 之輸入值。

f(Hz)	100	330	1k	3.3k	10k	33k	100k
V_{op}							
V_{ip}							
V_{op}/V_{ip}							
A_v(dB)							

依上面實驗所得之數據，做 A_v(dB)對 f 之頻率響應圖，繪於下圖：

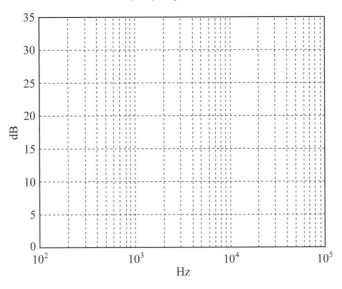

更換 $R_L = 6.8\text{k}\Omega$，做實驗完成下表，並與上面實驗值作比較。

f(Hz)	100	330	1k	3.3k	10k	33k	100k
V_{op}							
V_{ip}							
V_{op}/V_{ip}							
A_v(dB)							

依上面實驗所得之數據，做 A_v(dB)對 f 之頻率響應圖，繪於下圖：

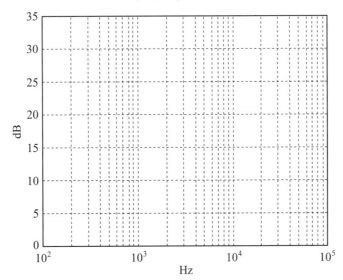

四、電路模擬：

為了方便同學課前預習與課後練習，前述之實驗可以利用 Pspice 軟體進行電路之分析模擬，可與實際實驗電路之響應波形進行比對，增進電路檢測分析的能力。(如果沒有相同編號的零件，可用性質相近的零件取代，下圖中，採用 power MOSFET IRF 150 來取代低功率 MOSFET BS 170，故其特性差異很大)。

(一)共源極放大器，Pspice 模擬電路圖如下：

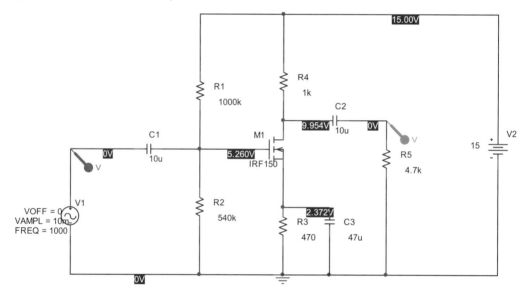

1. 共源極放大器，輸入、輸出模擬電壓波形如下：

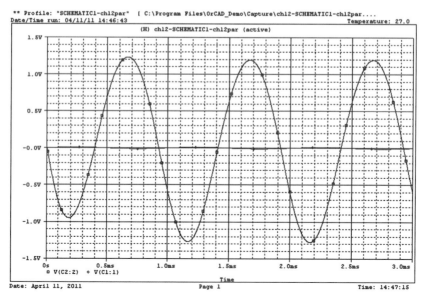

2. 共源極放大器，A_v 之頻率響應模擬圖如下：

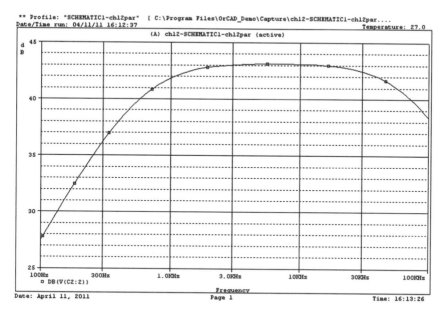

五、問題與討論：

1. 在上面實驗中，若將旁路電容(bypass capacitor)C_S 移除，對於電壓增益(voltage gain)有何影響呢？

2. 受何因素影響，在低頻及高頻時的電壓增益會變小。

3. 討論共源極放大器的特性。

4. 共源極放大器應用於何種電路呢？

MOSFET 之共汲極(Common Drain)放大器實驗

一、實習目的：

了解共汲極放大器(common drain amplifier)的小訊號分析。

二、實習原理：

本次實習我們研究 MOSFET 放大器的第二種組態共汲極放大器(common drain amplifier)或稱為源極隨耦器(source follower)。讓 MOSFET 的汲極端接地的放大器電路架構稱為共汲極(common drain)，我們研究共汲極放大器的小訊號分析，如圖 15-1 所示。

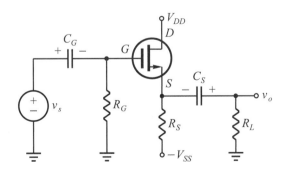

▲ 圖 15-1　共汲極放大器電路

其中

1. C_G 和 C_S 為耦合電容(coupling capacitor)。

2. R_L 為負載電阻。

3. R_D 和 R_S 為偏壓電阻。

首先討論直流偏壓電路，對於直流而言，可將電容視為開路而得圖 15-2 之電路。

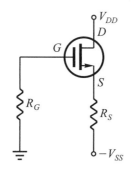

▲ 圖 15-2　共汲極放大器直流分析電路

由於 $I_G = 0$，所以

$$I_D = \frac{V_{DD} - V_{DS} + V_{SS}}{R_S} \tag{15-1}$$

註 V_{SS} 為一正值，因為圖 15-1 的負偏壓用($-V_{SS}$)表示。

$$V_D = V_{DD} \tag{15-2}$$

$$V_S = -V_{SS} + I_D R_S \tag{15-3}$$

接著我們探討小訊號分析，將獨立電壓源短路(即令 $V_{DD} = 0$ 和 $V_{SS} = 0$)，同時將耦合電容短路(對於交流訊號而言這些耦合電容的容抗(阻抗)很小可將其視為零(短路))。代入 MOSFET 電晶體之小訊號模型，如圖 15-3 所示。

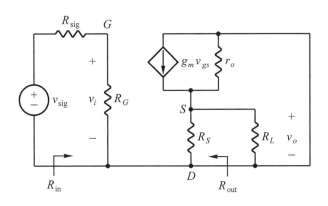

▲ 圖 15-3　共汲極放大器小訊號模型電路

　　觀察圖 15-3 中之汲極(drain)為輸入(v_{sig})和輸出(v_o)之共點，故名為共汲極放大器(common drain)。由於 r_o 很大，故在分析小訊號模型時後將其忽略；故可得到以下幾個數學方程式：

$$v_o = g_m v_{gs}(R_S // R_L) \tag{15-4}$$

因為

$$v_i = v_{gs} + g_m v_{gs}(R_S // R_L) = (1 + g_m(R_S // R_L))v_{gs} \tag{15-5}$$

所以電壓增益(voltage gain)

$$A_v = \frac{v_o}{v_i} = \frac{g_m v_{gs}\left(R_S // R_L\right)}{(1 + g_m(R_S // R_L))v_{gs}} = \frac{g_m(R_S // R_L)}{1 + g_m(R_S // R_L)} \tag{15-6}$$

而開路電壓增益(open-loop voltage gain)

$$A_{vo} = A_v \mid_{R_L=\infty} = \frac{g_m R_S}{1 + g_m R_S} \tag{15-7}$$

輸入電阻(input resistor)

$$R_{in} = \frac{v_i}{i_i} = R_G \tag{15-8}$$

輸出電阻(output resistor)

$$R_{\text{out}} = \frac{v_x}{i_x}\Big|_{v_{\text{sig}}=0} = R_S \; // \; r_o \; // \; \frac{1}{g_m} \approx R_S \; // \; \frac{1}{g_m} \tag{15-9}$$

因此整體電壓增益(overall voltage gain)

$$G_v = \frac{v_o}{v_{\text{sig}}} = \frac{v_o}{v_i} \times \frac{v_i}{v_{\text{sig}}} = A_v \frac{R_{\text{in}}}{R_{\text{sig}} + R_{\text{in}}} \tag{15-10}$$

若 $R_{\text{in}} = R_G \gg R_{\text{sig}}$ 且 $g_m(R_S \; // \; R_L) \gg 1$ 時，(15-10)式可改寫成(15-11)式

$$G_v \approx 1 \tag{15-11}$$

即 $v_o \doteqdot v_{sig}$，此即為源極隨耦器(source follower)的名稱由來。

綜合整理：共汲極放大器有低的電壓增益 A_v(約為 1 且略低於 1)，非常高的輸入電阻 R_i，非常低的輸出電阻 R_o。共汲極放大器的特徵是有高的輸入電阻 R_i 及非常低的輸出電阻 R_o 且電壓增益 A_v 約為 1。故適用於輸出級大電流驅動應用，適合推動馬達或喇叭等大負載(阻抗很低的負載)，故共汲極放大器(或源極隨耦器)是最常用的 A 類(Class A)輸出級放大器。

註 一般而言，MOSFET 的輸入電阻高於 BJT 的輸入電阻。

註 放大器的實際性能數值與電晶體參數值、偏壓方式、偏壓電阻和負載電阻等有關(且差異很大)。

三、實習步驟：

(一)實驗設備：

1. 電源供應器　　　×1
2. 訊號產生器(FG)　×1
3. 示波器　　　　　×1
4. 三用電表　　　　×1
5. 麵包板　　　　　×1

(二)實驗材料：

電阻	1.2kΩ×1, 4.7kΩ×1, 6.8kΩ×1, 1MΩ×1
電解電容	10μF×1
電晶體	BS170×1(TO-92 包裝)N-channel enhancement MOSFET(接腳 bottom view 從左至右 DGS)

(三)實驗項目：

1. 共汲極放大器實驗，電路接線如圖 15-1，其中 $R_G = 1\text{M}\Omega$ 、 $R_S = 1.2\text{k}\Omega$ 、 $C_G = C_S = 10\mu\text{F}$ 、 $R_L = 4.7\text{k}\Omega$ 、 $V_{DD} = 4\text{V}$ 、 $V_{SS} = 8\text{V}$ ，(設計 BS 170 之偏壓電流 $I_D \approx 5\text{mA}$ 、 $V_{DS} \approx \frac{1}{2}(V_{DD} + V_{SS}) = 6\text{V}$)，做(直流偏壓)實驗完成下表：

V_D	V_G	V_S	I_D	V_{DS}	V_{GS}
4V	0V				

註 上面實驗採用正、負電源偏壓，想一想，如何改為僅用正電源偏壓或僅用負電源偏壓呢?

再將訊號產生器的輸出 $v_s = v_i$ 調整為 $V_{pp} = 2\text{V}$ 之正弦波，定義輸入 v_i 的峰值為 V_{ip} ，輸出 v_o 的峰值為 V_{op} ， $A_v(\text{dB}) = 20\log(|V_{op}/V_{ip}|)$ ，分別設定訊號產生器之輸出頻率 $f = 100\text{Hz}$ 、330Hz、1kHz、3.3kHz、10kHz、33kHz、100kHz，利用示波器量測不同輸入訊號頻率對放大器電壓放大率之影響，計算各頻率條件下之增益值紀錄於下表中。

f(Hz)	100	330	1k	3.3k	10k	33k	100k
V_{op}							
V_{ip}							
V_{op}/V_{ip}							
A_v(dB)							

依上面實驗所得之數據，做 A_v(dB)對 f 之頻率響應圖，繪於下圖(刻度單位可自訂)：

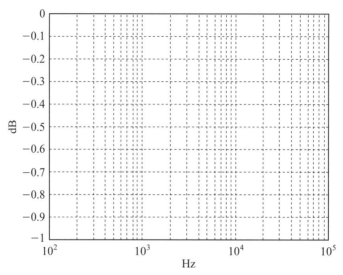

更換 $R_L = 6.8\text{k}\Omega$ ，做實驗完成下表，並與上面實驗值作比較。

f (Hz)	100	330	1k	3.3k	10k	33k	100k
V_{op}							
V_{ip}							
V_{op}/V_{ip}							
A_v(dB)							

依上面實驗所得之數據，做 A_v(dB)對 f 之頻率響應圖，繪於下圖：

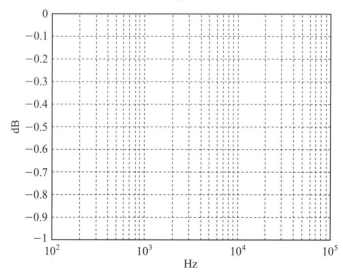

四、電路模擬：

　　如果沒有相同編號的零件，可用性質相近的零件取代，下圖中採用 power MOSFET IRF 150 來取代低功率 MOSFET BS 170，故其特性差異很大。

　　共汲極放大器，Pspice 模擬電路圖如下：

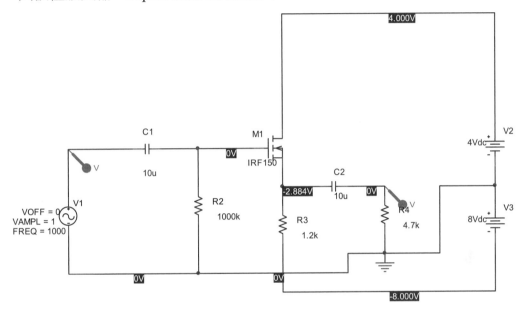

1. 共汲極放大器，輸入、輸出模擬電壓波形如下：

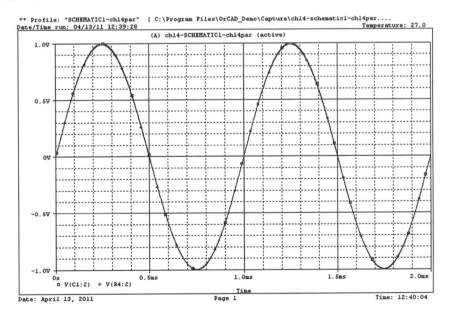

2. 共汲極放大器，A_v 之頻率響應模擬圖如下：

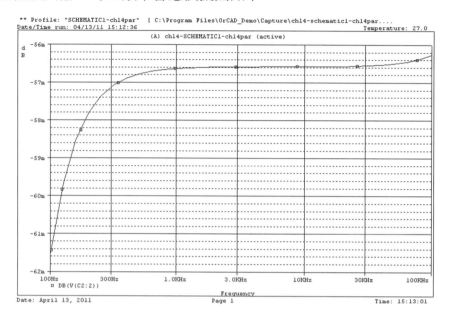

五、問題與討論：

1. 討論共汲極放大器的特性。
2. 共汲極放大器應用於何種電路呢？

MOSFET 之共閘極(Common Gate)放大器實驗

一、實習目的：

了解共閘極放大器(common gate amplifier)的小訊號分析。

二、實習原理：

本次實習我們研究 MOSFET 放大器的第三種組態共閘極放大器(common gate amplifier)。讓 MOSFET 的閘極端接地的放大器電路架構稱為共閘極(common gate)或閘極接地(grounded-gate)放大器，我們研究共閘極放大器的小訊號分析，如圖 16-1 所示。

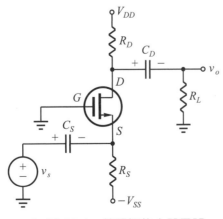

▲ 圖 16-1 共閘極放大器電路

其中

1. C_D 和 C_S 為耦合電容(coupling capacitor)。

2. R_L 為負載電阻。

3. R_D 和 R_S 為偏壓電阻。

首先討論直流偏壓電路,對於直流而言,可將電容視為開路而得圖 16-2 之電路。

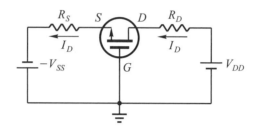

▲ 圖 16-2　共閘極放大器直流分析電路

由於 $I_G = 0$,所以

$$I_D = \frac{V_{DD} - V_{DS} + V_{SS}}{R_S + R_D} \tag{16-1}$$

註 V_{SS} 為一正值,因為圖 16-1 的負偏壓用($-V_{SS}$)表示。

$$V_D = V_{DD} - I_D R_D \tag{16-2}$$

$$V_S = -V_{SS} + I_D R_S \tag{16-3}$$

接著我們探討小訊號分析,將獨立電壓源短路(即令 $V_{DD} = 0$ 和 $V_{SS} = 0$),同時將耦合電容短路(對於交流訊號而言這些耦合電容的容抗(阻抗)很小可將其視為零(短路))。代入 MOSFET 電晶體之小訊號模型,如圖 16-3 所示。

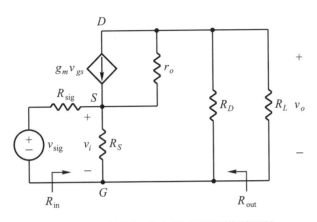

圖 16-3　共閘極放大器小訊號模型電路

觀察圖 16-3 中之閘極(gate)為輸入(v_{sig})和輸出(v_o)之共點，故名為共閘極放大器(common gate)。由於 $r_o >> R_D // R_L$，故在分析小訊號模型時，可將其忽略，故可得到以下數學方程式：

$$v_o = -g_m v_{gs} (R_D // R_L) \tag{16-4}$$

因為

$$v_{gs} = -v_i \tag{16-5}$$

所以電壓增益(voltage gain)

$$A_v = \frac{v_o}{v_i} = \frac{-g_m v_{gs} (R_D // R_L)}{-v_{gs}} = g_m (R_D // R_L) \tag{16-6}$$

而開路電壓增益(open-loop voltage gain)

$$A_{vo} = A_v \big|_{R_L = \infty} = g_m R_D \tag{16-7}$$

輸入電阻(input resistor)

$$R_{\text{in}} = \frac{v_i}{i_i} = R_S // \frac{1}{g_m} \tag{16-8}$$

若 $1/R_S << g_m$ 時候(16-8)式可改寫(16-9)式

$$R_{\text{in}} = \frac{v_i}{i_i} \approx \frac{1}{g_m} \tag{16-9}$$

因此整體電壓增益(overall voltage gain)

$$G_v = \frac{v_o}{v_{sig}} = \frac{v_o}{v_i} \times \frac{v_i}{v_{sig}} = A_v \frac{R_{in}}{R_{sig} + R_{in}} \qquad (16\text{-}10)$$

輸出電阻(output resistor)

$$R_{out} = \frac{v_x}{i_x}\Big|_{v_{sig}=0} \approx R_D \qquad (16\text{-}11)$$

(註) 共閘極放大器將輸入電流複製到汲極(Drain)端;並在此提供一個遠高於輸入電阻($R_{in} \approx 1/g_m$)的輸出電阻($R_{out} \approx R_D$)。因此共閘極放大器電路的一個非常有用的應用,稱單增益電流放大器(unity current gain)或稱為電流隨耦器(current follower)。電流增益接近於 1,低輸入電組及高輸出電阻都是良好電流緩衝器(current buffer)的特點,這一種特性使共閘極放大器在積體電路中的疊接電路(cascade circuit)中有廣泛的應用。

綜合整理: 共閘極放大器有中等的電壓增益 A_v,低的輸入電阻 R_i,高的輸出電阻 R_o。共閘極放大器的特徵是有低輸入電阻 R_i 及高的輸出電阻 R_o,所以使用上較困難(於低頻放大電路較少被單獨使用,可串接於共源極放大器之後,以改善頻率響應)。但共閘極放大器的頻率響應良好,故適用於高頻放大電路應用。

(註) 一般而言,MOSFET 的電壓增益小於 BJT 的電壓增益。

(註) 放大器的實際性能數值與電晶體參數值、偏壓方式、偏壓電阻和負載電阻等有關(且差異很大)。

在本實驗原理與前兩個實驗原理中,已經介紹完 MOSFET 的三種組態;為了使讀者更容易的比較三種組態的輸入電阻、電壓增益及輸出電阻的計算式,將其整理如表 16-1 所示:

▼ 表 16-1　MOSFET 三種組態之輸入電阻、電壓增益及輸出電阻計算式

	CS	CG	CD
R_i	$R_{G1} // R_{G2}$	$R_S // \dfrac{1}{g_m}$	R_G
A_v	$-g_m(R_D // R_L // r_o)$	$g_m(R_D // R_L)$	$\dfrac{g_m(R_S // R_L)}{1 + g_m(R_S // R_L)}$
R_o	$R_D // r_o$	R_D	$R_S // \dfrac{1}{g_m}$

若將 MOSFET 的小訊號參數做下列假設：(g_m=1mA/V、R_D=40kΩ、R_S=5kΩ、R_{G1}=150kΩ、R_{G2}=100kΩ、R_G=1MΩ、R_L=5kΩ、r_o=50kΩ)，則可以將表 16-1 之公式以數字型式表示，如表 16-2 以供參考：

註 放大器的實際性能數值與電晶體參數值、偏壓方式、偏壓電阻和負載電阻等有關(且差異很大)。

▼ 表 16-2　MOSFET 三種組態之輸入電阻、電壓增益及輸出電阻之參考值

	CS	CG	CD
R_i	60kΩ	833.33Ω	1MΩ
A_v	−4.082	4.444	0.714
R_o	22.22kΩ	40kΩ	833.33Ω

三、實驗步驟：

(一)實驗設備：

1. 電源供應器　　×1
2. 訊號產生器(FG)　×1
3. 示波器　　　　×1
4. 三用電表　　　×1
5. 麵包板　　　　×1

(二)實驗材料：

電阻	620Ω×1, 910Ω×1, 4.7kΩ×1, 6.8kΩ×1
電解電容	10μF×2
電晶體	BS170×1(TO-92 包裝)N-channel enhancement MOSFET(接腳 bottom view 從左至右 DGS)

(三)實驗項目：

1. 共閘極放大器實驗，電路接線如圖 16-1(注意電解電容的極性)，其中 $R_D = 910\Omega$、$R_S = 620\Omega$、$C_S = C_D = 10\mu F$、$R_L = 4.7k\Omega$、$V_{DD} = 10V$、$V_{SS} = 5V$，(設計 BS 170 之偏壓電流 $I_D \approx 5\ mA$、$V_{DS} \approx \dfrac{1}{2}(V_{DD} + V_{SS}) = 7.5V$)，做(直流偏壓)實驗完成下表：

V_D	V_G	V_S	I_D	V_{DS}	V_{GS}
4V	0V				

註 上面實驗採用正、負電源偏壓，想一想，如何改為僅用正電源偏壓或僅用負電源偏壓呢?

再將訊號產生器的輸出 $v_s = v_i$ 調整為 $V_{pp} = 40mV \sim 100mV$ 之正弦波，定義輸入 v_i 的峰值為 V_{ip}，輸出 v_o 的峰值為 V_{op}，$A_v(dB) = 20\log(|V_{op}/V_{ip}|)$，分別設定訊號產生器之輸出頻率 f =100Hz、330Hz、1kHz、3.3kHz、10kHz、33kHz、100kHz，利用示波器量測不同輸入訊號頻率對放大器電壓放大率之影響，計算各頻率條件下之增益值紀錄於下表中。

f (Hz)	100	330	1k	3.3k	10k	33k	100k
V_{op}							
V_{ip}							
V_{op}/V_{ip}							
A_v (dB)							

依上面實驗所得之數據，做 $A_v(dB)$ 對 f 之頻率響應圖，繪於下圖：

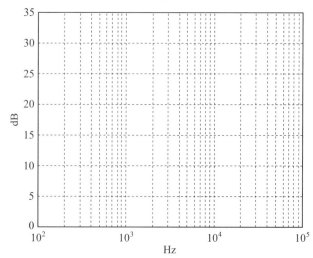

更換 $R_L = 6.8\text{k}\Omega$，做實驗完成下表，並與上面實驗值作比較。

f(Hz)	100	330	1k	3.3k	10k	33k	100k
V_{op}							
V_{ip}							
V_{op}/V_{ip}							
A_v(dB)							

依上面實驗所得之數據，做 A_v(dB)對 f 之頻率響應圖，繪於下圖：

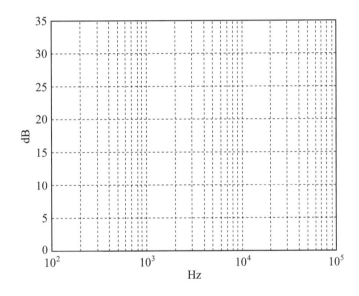

四、電路模擬:

如果沒有相同編號的零件,可用性質相近的零件取代,下圖中採用 power MOSFET IRF 150 來取代低功率 MOSFET BS 170,故其特性差異很大。

(一)共閘極放大器,Pspice 模擬電路圖如下:

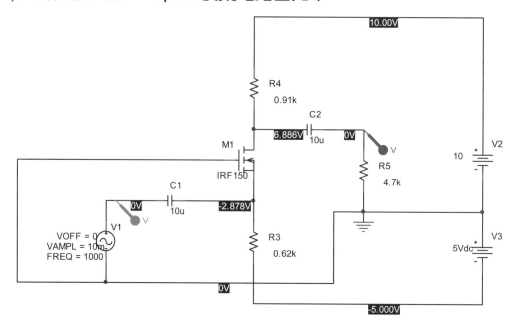

1. 共閘極放大器,輸入、輸出模擬電壓波形如下:

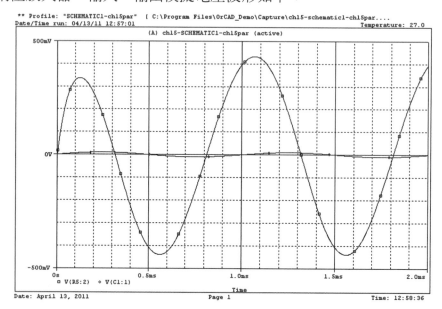

2. 共閘極放大器，A_v 之頻率響應模擬圖如下：

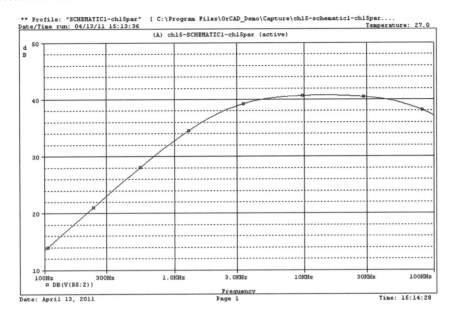

五、問題與討論：

1. 討論共閘極放大器的特性。
2. 共閘極放大器應用於何種電路呢？

實習 十七

MOSFET 開關切換(Switching)電路實驗

一、實習目的：

了解 MOSFET 開關切換電路實驗。

二、實習原理：

由於從交流系統中可以使用變壓器來做升降壓；但是有人就希望在直流系統中，可以用一些元件來組合，使直流電壓也可以升壓或降壓，或是做直流(DC)-交流(AC)轉換；因為有這個想法、因此發展出電力電子這一學科；在這一學科中，常使用到 MOSFET 來做切換開關，所使用的 MOSFET 稱為功率型的 MOSFET(Power MOSFET)。

🔖 註 BJT 電晶體基本上有兩種功能，其一做放大器(amplifier)使用、操作於工作區(active region)，另一種做切換開關(switch)使用，操作於飽和區(saturation region)和截止區(cutoff region)。

🔖 註 MOSFET 電晶體基本上有兩種功能，其一做放大器(amplifier)使用、操作於飽和區(saturation region)，另一種做切換開關(switch)使用，操作於三極管區(triode region)和截止區(cutoff region)。

在本次實驗使用 Power MOSFET 做一個簡單的開關電路，如圖 17-1 所示，讓讀者可以在未來連接電力電子學時具有基本觀念。

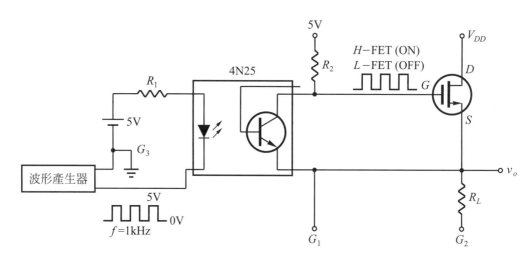

▲ 圖 17-1　MOSFET 開關切換電路(低電位的方式驅動 4N25 內的 LED)

　　圖 17-1 爲以低電位驅動 4N25 內的 LED，其中 R_1 爲限制流進 4N25 內之 LED 的電流，R_2 爲提升電壓用的電阻，訊號產生器的輸出波形頻率不可以太高，因爲 4N25 光耦合 IC 有頻率限制(可用 TLP250 取代，但 TLP250 較貴)，5V 與接地 G_1 爲一組電源負責驅動 MOSFET，V_{DD} 與接地 G_2 爲 MOSFET 的偏壓電源，其中 5V 與 G_1 和 V_{DD} 與 G_2 爲分別獨立的電源。低電位驅動切換電路需要外加 5V 電源，其接地 G_3 需與訊號產生器的輸出負端接在一起。

　註　G_1 與 G_2 與 G_3 不能共地（共點）。G_3 與 G_1 和 G_2 不能共地的原因是將控制電路(control CKT)與主電路(功率電晶體模組)隔離。G_2 與 G_3 不能共地的原因是驅動電路的電源與功率電晶體模組的電源會發生短路。

　　觀察 v_o 之輸出波形，亦可調整訊號產生器的工作週期(duty cycle)，再觀察 v_o 之輸出波形。爲了做實驗方便起見，我們可以用高電位的方式驅動 4N25 內的 LED，如圖 17-2 所示：

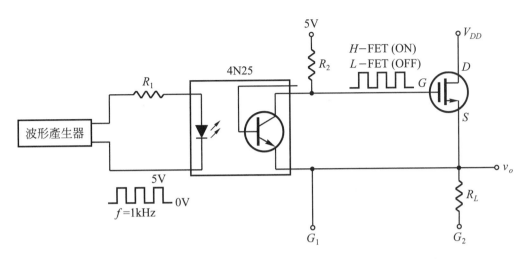

▲ 圖 17-2　MOSFET 開關切換電路 (高電位的方式驅動 4N25 內的 LED)

　　另一種功率元件為 Power BJT，與 Power MOSFET 比較，Power BJT 有較大之輸出功率，但 Power MOSFET 有較高之切換頻率。因為 MOSFET 為電壓控制-電流源(voltage-controlled current source)元件且其輸入阻抗很高，故其閘極電流幾乎為零(不流動)，所以有較高之切換頻率(約數十 kHz)。而 BJT 為電流控制-電流源(current-controlled current source)元件，其輸出電流由基極電流 I_B 控制，故 BJT 的導通或截止由基極電流控制，當 BJT 導通時、有基極電流流通，故在基極端有電荷儲存，當 BJT 截止時、需一些時間將儲存在基極端的電荷移出，故 BJT 在導通與截止之間有時間延遲，這個因素限制了 BJT 的切換頻率(約數 kHz)。

　　為了有較高之切換頻率和較大之輸出功率，開發出兼具 MOSFET 及 BJT 特性之複合體功率元件 Power **IGBT** (Insulated Gate Bipolar Transistor 或稱為**絕緣閘極雙極性電晶體**)。IGBT 之切換頻率略同於 MOSFET(約數十 kHz)。IGBT 的輸入端與 MOSFET 相同而輸出端與 BJT 相同，如圖 17-3 所示。因 BJT 為電流驅動故需較複雜之電流驅動電路(current drive CKT)而 MOSFET 及 IGBT 為電壓驅動故驅動電路(voltage drive CKT)較簡單。不論是電流驅動電路或電壓驅動電路、均需利用光耦合(photo-couple)電路將控制電路(control CKT)與主電路(功率電晶體模組)隔離。

▲ 圖 17-3　IGBT

電晶體當開關(switch)使用時，操作於飽和區(saturation region)或截止區(cutoff region)，當 BJT(或 IGBT)在導通時的功率散逸(power dissipation)為：

$$P_D = I_C \times V_{CE(\text{sat})}$$

而 Power BJT (Power IGBT) 的飽和導通電壓 $V_{CE(\text{sat})}$ 約有 1 至 2 伏特(約 2 至 4 伏特)，因此有較低的導通損失。當 MOSFET 在導通時，汲極與源極間有導通電阻 $r_{DS(\text{on})}$，導通時的功率散逸(power dissipation)為：

$$P_D = I_D^2 \times r_{DS(\text{on})}$$

而 Power MOSFET 的導通電阻 $r_{DS(\text{on})}$ 約零點幾歐姆至數歐姆，因此導通損失較高，一般而言，MOSFET 適用於小功率之應用，IGBT 適用於中,大功率之應用，而 BJT 適用於大功率之應用。

註 當 I_D 很大時、I_D^2 會非常大。

註 功率電晶體有散熱的問題，熱會造成熱崩潰(thermal breakdown)或產生熱雜訊(thermal noise)，因此功率電晶體需加裝散熱片(愈大愈好，但還是要有成本及體積大小的考量)以幫助功率電晶體散熱，在適當散熱片的協助下、功率電晶體才能達到額定的輸出，如何有效地散熱是一門專門的課題。

二極體的逆向偏壓崩潰可分為**齊納**崩潰(**Zener breakdown**)發生在當空乏區(depletion region)中之外加電場增加到可以直接打斷離子(crystal ion)的共價鍵(covalent bond)並產生新的電子–電洞對(electron-hole pair)之時發生的崩潰現象[即沒有載子與離子間的碰撞(collision)發生]。另一個崩潰機制是**累增**崩潰(**avalanche breakdown**)，當外加電場增加到使得橫越過空乏區之少數載子(carrier)從外加的電場獲得足夠的動能而能打斷被它們撞上之離子(crystal ion)的共價鍵時發生的崩潰現象。

BJT 電晶體的崩潰：

功率電晶體(power transistor)在 Safe Operation Area (**SOA**)的參數

1. $I_{C(\text{max})}$–I_C **current limit** (超過此電流限制可導致電晶體損毀)。

2. $V_{CE(\text{max})}$–V_{CE} **voltage limit**–(超過此電壓限制(V_{CEO})可導致電晶體損毀) 電晶體的電壓崩潰(**voltage breakdown**)可分為(**avalanche breakdown (**also named **first breakdown(一次崩潰))**與越過 collector junction 的 avalanche multiplication 有關)及(**punch-through breakdown 與 Early effect** 有關)。

3. $P_{\text{max}} = P_D = V_{CE} \times I_C$ max power dissipation- **power limit**- (超過此最大功率耗散限制可導致電晶體損毀)稱為**熱崩潰(thermal breakdown)**。

4. **Second breakdown (二次崩潰)** is the most complicated failure mechanism–為最複雜的崩潰機制，當 V_{CE} 增大時，I_C 必須減小，否則 power dissipation $V_{CE} \times I_C > P_{\text{max}}$ 會導致 thermal breakdown。在 $V_{CE} \times I_C$ 的範圍內，當 V_{CE} 繼續增大時(此時 I_C 大幅減小) ，即進入 second breakdown region，在此區內電晶體內部傾向於產生區域性熱點(local hotspots) ，而導致 second breakdown 的發生、會產生區域性地 thermal runaway(熱跑脫)，而損毀電晶體。另一種情況是當 V_{CE} 迅速增大時，先發生 **avalanche breakdown**(also named **first breakdown (一次崩潰))** ，而導致 I_C 變大，於是接著發生 second breakdown。

Power MOSFET 沒有 Second breakdown。MOSFET 又可分 Lateral MOSFET 及 Vertical MOSFET。Lateral MOSFET 不如 Vertical MOSFET 應用範圍廣，所以目前 Lateral MOSFET 生產少、價格高。Lateral MOSFET 主要應用在高階音頻放大器 (Hi-end audio amplifier)。

Vertical MOSFET 有可分為 V 型槽 MOS (VMOS)及雙重擴散垂直 MOS (double diffused vertical MOS (DMOS))，VMOS 除了一些可能的**高頻**應用外，其他的應用領域都已喪失給 DMOS。

Power MOSFET 的 thermal runaway (熱跑脫)

在較高的 v_{GS} 值之下，i_D 展現負的溫度係數。這是一個有重要意義的特性：它表示 MOSFET 操作至零溫度係數點以上之後(在大電流時)，不再有熱跑脫的可能(即溫度變高則 i_D 變小)。然而，在低電流時，(即在低於零溫度係數點時)。並非如此。在(極)低電流區，i_D 的溫度係數為正，而且功率 MOSFET 易於遭受熱跑脫。因為 AB 類輸出級以低電流偏壓，這表示必須對其提供保護以避免熱跑脫。

▼ 表 17-1　MOSFET 與 BJT 的比較

	MOSFET	BJT
控制方式	電壓控制(較不容易產生熱) →MOSFET 較不耗電	電流控制(容易產生熱) →BJT 較耗電
切換頻率	MHz	kHz
電晶體類型	單載子電晶體	雙載子電晶體
輸入阻抗	高→雜訊免疫力高	較低→雜訊免疫力較低
詳細分類	空乏型 MOSFET→N/P 通道 增強型 MOSFET→N/P 通道	2SA：高頻 PNP 型 2SB：低頻 PNP 型 2SC：高頻 NPN 型 2SD：低頻 NPN 型
製造密度	高→同功率規格下 MOSFET 體積較小且較便宜	低 (因考慮散熱)
抵補電壓	無(良好的截波器) 理想電子開關	0.7V 的切入電壓
熱穩定	佳(沒有少數載子) 負溫度係數→沒有熱跑脫現象→ 若適當處理 MOSFET 較不易燒毀	差(有少數載子熱電流) 正溫度係數→有熱跑脫現象 →BJT 較易燒毀
頻寬(BW)	較 BJT 窄→增益頻寬乘積低	較寬→增益頻寬乘積較高
極際電容	較大(高頻響應不佳)	低(高頻響應較佳)
靜電破壞	MOSFET 易受靜電破壞	BJT 不易受靜電破壞

三、實習步驟：

(一)實驗設備：

1. 電源供應器　　×1
2. 訊號產生器(FG)　×1
3. 示波器　　　×1
4. 三用電表　　×1
5. 麵包板　　　×1

(二)實驗材料：

電阻	330Ω×1, 1kΩ×1, 4.7kΩ×1
IC	4N25×1
功率電晶體	IRF2804BF×1(TO-220AB 包裝)(40V,75A)power MOSFET 或 IRF 450PBF×1(TO-247AC 包裝) (500V,14A)power MOSFET
電晶體	BS 170×1(TO-92 包裝)N-channel enhancement MOSFET(接腳 bottom view 從左至右 DGS)

(三)實驗項目：

因為 power MOSFET 均非常昂貴，故以下實驗可用 BS 170 MOSFET 來做示範。

註 BS 170 不是 power MOSFET，故僅示範小負載驅動實驗。

1. 為了做實驗方便起見我們可以用高電位的方式驅動 4N25 內的 LED，電路接線如圖 17-2，其中 $R_1 = 330\Omega$、$R_2 = 4.7k\Omega$、$R_L = 1k\Omega$、$V_{DD} = 15V$。輸入 1kHz 方波(0V～5V)，將輸出波形 v_o 繪於下圖：

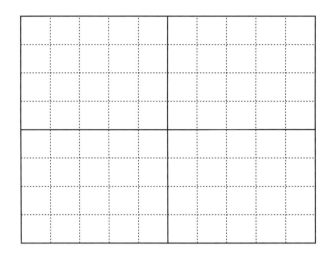

逐漸地提高輸入方波的頻率,觀察輸出波型有何變化?

四、電路模擬:

如果沒有相同編號的零件,可用性質相近的零件取代。

MOSFET 開關切換電路,Pspice 模擬電路圖如下:

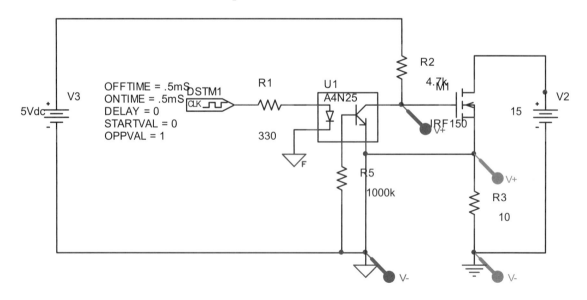

MOSFET 開關切換電路，輸入、輸出模擬電壓波形如下：

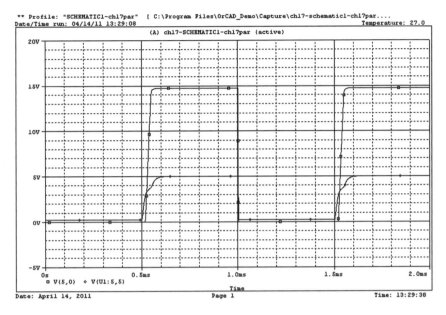

五、問題與討論：

1. 上面實驗的 power MOSFET 可不可以用 power BJT 來取代，電路要如何修改呢？

2. 逐漸地提高上面實驗的輸入方波的頻率，觀察輸出波型有何變化？最高可以提高到幾 kHz 呢？

3. 比較 power MOSFET 與 power BJT 的特性。

4. 上網路找 4N25 的 data sheet。

一、電子實習零件列表

(若無特別說明電阻規格均為 1/4W，電解電容耐壓 35V，可變電阻為 B 類直線型)。

實習一、基本儀表(Instrument)實驗材料：

電阻	1kΩ×1，外加不同電阻值之電阻若干顆
電容	0.1μF 陶瓷電容×1，外加陶瓷電容塑、膠膜電容、電解質電容各若干個

實習二、一般接面二極體(Diode)之特性實驗材料：

電阻	1kΩ×1
可變電阻	50kΩ×1
二極體	1N4001×1
齊納二極體	3.3V×1

實習三、整流(Rectifier)與濾波(Filter)電路實驗材料：

電阻	1kΩ×1
電解電容	10μF×1
二極體	1N4001×4
變壓器	110V→6~0~6V(0.5A)×1

實習四、齊納二極體(Zener Diode)之分流穩壓電路實驗材料：

電阻	470Ω×1, 3.3kΩ×1
可變電阻	50kΩ×1
齊納二極體	5.1V×1

實習五、截波(Clipper)電路與箝位(Clamping)電路實驗材料：

電阻	1kΩ×1
電解電容	4.7μF×1
二極體	1N4001×2

實習六、倍壓(Voltage Doubler)電路實驗材料：

電阻	470Ω×1, 10kΩ×1
電解電容	100μF×2, 470μF×2
二極體	1N4001×2
變壓器	110V→6~0~6V(0.5A)×1

實習七、雙極性接面電晶體(BJT)之特性實驗材料：

電阻	1kΩ×1, 100kΩ×1
二極體	1N4001×1
電晶體	C9013×1(TO-92 包裝)npn transistor(接腳 bottom view 從左至右 EBC)
電晶體	C9012×1(TO-92 包裝)pnp transistor(接腳 bottom view 從左至右 EBC)

實習八、BJT 放大器直流偏壓(DC Bias)電路實驗材料：

電阻	1kΩ×1, 4.7kΩ×1, 330kΩ×1
可變電組	100kΩ×1
電晶體	C9013×1(TO-92 包裝)npn transistor(接腳 bottom view 從左至右 EBC)

實習九、BJT 共射極(Common Emitter)放大器實驗材料：

電阻	1kΩ×2, 2.2kΩ×1, 4.7kΩ×1, 330kΩ×1
可變電阻	100kΩ×1
電解電容	10μF×2, 47μF×1
電晶體	C9013×1(TO-92 包裝)npn transistor(接腳 bottom view 從左至右 EBC)

實習十、BJT 共集極(Common Collector)放大器實驗材料：

電阻	1kΩ×1, 2.2kΩ×1, 5.6kΩ×1
可變電阻	2MΩ×1
電解電容	10μF×2
電晶體	C9013×1(TO-92 包裝)npn transistor(接腳 bottom view 從左至右 EBC)

實習十一、BJT 共基極(Common Base)放大器實驗材料：

電阻	1kΩ×1, 2.2kΩ×1, 2.4kΩ×1, 3.3kΩ×1
電解電容	10μF×2
電晶體	C9013×1(TO-92 包裝)npn transistor(接腳 bottom view 從左至右 EBC)

實習十二、BJT 串級(Cascade)放大器實驗材料：

電阻	1kΩ×1, 5.6kΩ×1, 4.7kΩ×2, 330kΩ×1
可變電阻	100kΩ×1, 2MΩ×1
電解電容	10μF×3, 47μF×1
電晶體	C9013×2(TO-92 包裝)npn transistor(接腳 bottom view 從左至右 EBC)

實習十三、金氧半場效電晶體(MOSFET)之特性實驗材料：

電阻	470Ω×1, 1kΩ×1, 680kΩ×1, 820kΩ×1, 1MΩ×1
可變電阻	2kΩ×1, 1MΩ×1
電晶體	BS 170×1(TO-92 包裝)N-channel enhancement MOSFET(接腳 bottom view 從左至右 DGS)

註 BS 170 與 2N 7000 N-channel enhancement MOSFET 的特性幾乎相同，可彼此替換。

實習十四、MOSFET 之共源極(Common Source)放大器實驗材料：

電阻	470Ω×1, 1kΩ×1,4.7kΩ×1, 6.8kΩ×1, 1MΩ×1
可變電阻	1MΩ×1
電解電容	10μF×2, 47μF×1
電晶體	BS 170×1(TO-92 包裝)N-channel enhancement MOSFET(接腳 bottom view 從左至右 DGS)

實習十五、MOSFET 之共汲極(Common Drain)放大器實驗材料：

電阻	1.2kΩ×1, 4.7kΩ×1, 6.8kΩ×1, 1MΩ×1
電解電容	10μF×1
電晶體	BS 170×1(TO-92 包裝)N-channel enhancement MOSFET(接腳 bottom view 從左至右 DGS)

實習十六、MOSFET 之共閘極(Common Gate)放大器實驗材料：

電阻	620Ω×1, 910Ω×1, 4.7kΩ×1, 6.8kΩ×1
電解電容	10μF×2
電晶體	BS 170×1(TO-92 包裝)N-channel enhancement MOSFET(接腳 bottom view 從左至右 DGS)

實習十七、MOSFET 開關切換(Switching)電路實驗材料：

電阻	330Ω×1, 1kΩ×1, 4.7kΩ×1
IC	4N25×1
功率電晶體	IRF 2804BF×1(TO-220AB 包裝)(40V, 75A)power MOSFET 或 IRF 450PBF×1 (TO-247AC 包裝)(500V, 14A)power MOSFET
電晶體	BS 170×1(TO-92 包裝)N-channel enhancement MOSFET(接腳 bottom view 從左至右 DGS)

因為 power MOSFET 均非常昂貴，故本實驗可用 BS 170 MOSFET 來做示範。

註 BS 170 不是 power MOSFET，故僅示範小負載驅動實驗。

二、全書實習材料零件總表

(若無特別說明，則電阻規格均為 1/4W，電解電容耐壓 35V，可變電阻為 B 類直線型)。

項次	名稱	規格	數量	備註
1	電阻	330 Ω	1	
2	電阻	470 Ω	1	
3	電阻	620 Ω	1	
4	電阻	910 Ω	1	
5	電阻	1 kΩ	2	
6	電阻	1.2 kΩ	1	
7	電阻	2.2 kΩ	1	
8	電阻	2.4 kΩ	1	
9	電阻	3.3 kΩ	1	
10	電阻	4.7 kΩ	2	
11	電阻	5.6 kΩ	1	
12	電阻	6.8 kΩ	1	
13	電阻	10 kΩ	1	
14	電阻	100 kΩ	1	
15	電阻	330 kΩ	1	
16	電阻	680 kΩ	1	
17	電阻	820 kΩ	1	
18	電阻	1 MΩ	1	
19	可變電阻	2 kΩ	1	
20	可變電阻	50 kΩ	1	
21	可變電阻	100 kΩ	1	

項次	名稱	規格	數量	備註
22	可變電阻	1 MΩ	1	
23	可變電阻	2 MΩ	1	
24	陶瓷電容	0.1μF	1	
25	電解電容	4.7 μF	1	
26	電解電容	10 μF	3	
27	電解電容	47 μF	1	
28	電解電容	100 μF	2	
29	電解電容	470 μF	2	
30	二極體	1N4001	2	
31	齊納二極體	3.3 V	1	
32	齊納二極體	5.1 V	1	
33	變壓器	110 V → 6~0~6 V (0.5 A)	1	
34	電晶體	C9013 (TO-92 包裝) npn transistor	2	
35	電晶體	C9012 (TO-92 包裝) pnp transistor	1	
36	電晶體	BS 170 (TO-92 包裝) N-channel enhancement MOSFET	1	
37	IC	4N25	1	

參考文獻

[1] Sedra/Smith, "Microelectronic Circuits" 5th edition, Oxford University Press, Oxford。

[2] "微電子電路"(上、中、下冊),曹恆偉、林浩雄編譯,台北圖書公司。

[3] Millman/Grabel, "Microelectronics" 2nd edition, McGraw-Hill Inc。

[4] "電子實習"(上、下冊),吳鴻源編著,全華圖書公司。

[5] "電子學實習"(上、下冊),許長豐、盧裕溢編著,高立圖書公司。

國家圖書館出版品預行編目資料

電子學實習 / 曾仲熙編著. -- 三版. -- 新北市 :.
　全華圖書, 2016.05
　　冊 ；　公分
　ISBN 978-986-463-080-6(上冊：平裝附光碟片)

　1.電子工程　2.電路　3.實驗
448.6034　　　　　　　　　　104022137

電子學實習(上)
(附 Pspice 試用版及 IC 元件特性資料光碟)

作者 / 曾仲熙

發行人 / 陳本源

執行編輯 / 劉暐承

出版者 / 全華圖書股份有限公司

郵政帳號 / 0100836-1 號

印刷者 / 宏懋打字印刷股份有限公司

圖書編號 / 06163027

三版五刷 / 2023 年 09 月

定價 / 新台幣 250 元

ISBN / 978-986-463-080-6 (平裝附光碟片)

全華圖書 / www.chwa.com.tw

全華網路書店 Open Tech / www.opentech.com.tw

若您對本書有任何問題，歡迎來信指導 book@chwa.com.tw

臺北總公司(北區營業處)
地址：23671 新北市土城區忠義路 21 號
電話：(02) 2262-5666
傳真：(02) 6637-3695、6637-3696

南區營業處
地址：80769 高雄市三民區應安街 12 號
電話：(07) 381-1377
傳真：(07) 862-5562

中區營業處
地址：40256 臺中市南區樹義一巷 26 號
電話：(04) 2261-8485
傳真：(04) 3600-9806(高中職)
　　　(04) 3601-8600(大專)

23671 新北市土城區忠義路 21 號
全華圖書股份有限公司

行銷企劃部　收

歡迎加入 全華會員

● 會員獨享
會員享購書折扣、紅利積點、生日禮金、不定期優惠活動…等。

● 如何加入會員
填妥讀者回函卡直接傳真 (02) 2262-0900 或寄回，將由專人協助登入會員資料，待收到
E-MAIL 通知後即可成為會員。

如何購書 全華書籍

1. 網路購書
全華網路書店「http://www.opentech.com.tw」，加入會員購書更便利，並享有紅利積點
回饋等各式優惠。

2. 全華門市、全省書局
歡迎至全華門市（新北市土城區忠義路 21 號）或全省各大書局、連鎖書店選購。

3. 來電訂購
(1) 訂購專線：(02) 2262-5666 轉 321-324
(2) 傳真專線：(02) 6637-3696
(3) 郵局劃撥（帳號：0100836-1　戶名：全華圖書股份有限公司）
※ 購書未滿一千元者，酌收運費 70 元。

OpenTech .com.tw 全華網路書店

全華網路書店 www.opentech.com.tw
E-mail: service@chwa.com.tw

※ 本會員制如有變更則以最新修訂制度為準，造成不便請見諒。

讀者回函卡

填寫日期：　　　／　　　／

姓名：　　　　　　　　　　　生日：西元　　　年　　　月　　　日　性別：□男 □女

電話：（　　　）　　　　　　　　傳真：（　　　）　　　　　　　手機：

e-mail：（必填）

註：數字零，請用 Φ 表示，數字 1 與英文 L 請另註明並書寫端正，謝謝。

通訊處：□□□□□

學歷：□博士 □碩士 □大學 □專科 □高中‧職

職業：□工程師 □教師 □學生 □軍‧公 □其他

學校／公司：　　　　　　　　　　　　科系／部門：

‧需求書類：

□A. 電子 □B. 電機 □C. 計算機工程 □D. 資訊 □E. 機械 □F. 汽車 □I. 工管 □J. 土木

□K. 化工 □L. 設計 □M. 商管 □N. 日文 □O. 美容 □P. 休閒 □Q. 餐飲 □B. 其他

‧本次購買圖書為：　　　　　　　　　　　　　　　　　書號：

‧您對本書的評價：

封面設計：□非常滿意 □滿意 □尚可 □需改善，請說明

內容表達：□非常滿意 □滿意 □尚可 □需改善，請說明

版面編排：□非常滿意 □滿意 □尚可 □需改善，請說明

印刷品質：□非常滿意 □滿意 □尚可 □需改善，請說明

書籍定價：□非常滿意 □滿意 □尚可 □需改善，請說明

整體評價：請說明

‧您在何處購買本書？

□書局 □網路書店 □書展 □團購 □其他

‧您購買本書的原因？（可複選）

□個人需要 □幫公司採購 □親友推薦 □老師指定之課本 □其他

‧您希望全華以何種方式提供出版訊息及特惠活動？

□電子報 □DM □廣告 （媒體名稱　　　　　　　　　　　）

‧您是否上過全華網路書店？（www.opentech.com.tw）

□是 □否 您的建議

‧您希望全華出版那方面書籍？

‧您希望全華加強那些服務？

～感謝您提供寶貴意見，全華將秉持服務的熱忱，出版更多好書，以饗讀者。

全華網路書店 http://www.opentech.com.tw 　客服信箱 service@chwa.com.tw

2011.03 修訂

親愛的讀者：

感謝您對全華圖書的支持與愛護，雖然我們很慎重的處理每一本書，但恐仍有疏漏之處，若您發現本書有任何錯誤，請填寫於勘誤表內寄回，我們將於再版時修正，您的批評與指教是我們進步的原動力，謝謝！

全華圖書　敬上

勘　誤　表

書　號		書　名		作　者
頁　數	行　數	錯誤或不當之詞句		建議修改之詞句

我有話要說：（其它之批評與建議，如封面、編排、內容、印刷品質等‧‧‧）